Zhen Liu

Einfluss der Vermischung auf chemische Reaktionen im Taylor-Couette Reaktor am Beispiel der Polymerisation von Methacrylat

Einfluss der Vermischung auf chemische Reaktionen im Taylor-Couette Reaktor am Beispiel der Polymerisation von Methacrylat

von
Zhen Liu

Dissertation, Karlsruher Institut für Technologie (KIT)
Fakultät für Chemieingenieurwesen und Verfahrenstechnik
Tag der mündlichen Prüfung: 8. März 2013

Impressum

Karlsruher Institut für Technologie (KIT)
KIT Scientific Publishing
Straße am Forum 2
D-76131 Karlsruhe
www.ksp.kit.edu

KIT – Universität des Landes Baden-Württemberg und
nationales Forschungszentrum in der Helmholtz-Gemeinschaft

KIT Scientific Publishing 2013
Print on Demand

ISBN 978-3-7315-0014-8

Einfluss der Vermischung auf chemische Reaktionen im Taylor-Couette Reaktor am Beispiel der Polymerisation von Methacrylat

zur Erlangung des akademischen Grades eines
DOKTORS DER INGENIEURWISSENSCHAFTEN (Dr.-Ing.)

der Fakultät für Chemieingenieurwesen und Verfahrenstechnik des
Karlsruher Instituts für Technologie (KIT)

genehmigte

DISSERTATION

von
Dipl.-Ing. Zhen Liu
aus Qingdao, China

Referent: Prof. Dr.-Ing. Matthias Kind
Korreferent: Prof. Dr. Christopher Barner-Kowollik
Tag der mündlichen Prüfung: 08. März 2013

Vorwort

Die vorliegende Arbeit entstand während meiner Zeit als wissenschaftlicher Mitarbeiter am Institut für Thermische Verfahrenstechnik des Karlsruher Instituts für Technologie (KIT), in der Zeit von Februar 2008 bis September 2012. An dieser Stelle möchte ich den vielen Menschen danken, die zum Entstehen und Gelingen dieser Arbeit beigetragen haben.

Mein besonderer Dank gilt meinem Doktorvater, Herrn Prof. Dr.-Ing. Matthias Kind für die mir gegebene Gelegenheit der Promotion in Karlsruhe. Ich danke ihm für seine Unterstützung, sein mir entgegengebrachtes Vertrauen und die wertvollen fachlichen Gespräche.

Herrn Prof. Dr. Christopher Barner-Kowollik danke ich herzlich für die freundliche Übernahme des Korreferats und das Interesse, das er an dieser Arbeit gezeigt hat.

Herrn Prof. Dr. Manfred Wilhelm und Herrn Prof. Dr. Christopher Barner-Kowollik vom Institut für Technische Chemie und Polymerchemie des KIT, Herrn Prof. Dr. Hans-Ulrich Moritz und seinen Mitarbeitern am Institut für Technische und Makromolekulare Chemie der Universität Hamburg und Herrn Prof. Dr. Eng. Corneliu Balan am Lehrstuhl für Hydraulik und Hydraulische Maschinen der Universität Bukarest, Rumänien, möchte ich für ihre Anregungen und fachliche Diskussionen im Verlauf der Arbeit danken.

Ich bedanke mich herzlich bei der DFG für die Finanzierung meines Projektes innerhalb der Forschungsgruppe SPP 1141 "Analyse, Modellbildung und Berechnung von Strömungsmischern mit und ohne chemische Reaktion".

Bei den Herren Stefan Fink, Michael Wachter, Markus Keller, Steffen Haury, Stefan Knecht, Roland Nonnenmacher und Eugen Mengesdorf bedanke ich mich ganz herzlich für die sehr gute Unterstützung und Zusammenarbeit in der Planung, Konstruktion, insbesondere beim Aufbau und Umbau meiner Versuchsanlage und bei der Durchführung von Messungen. Bei Frau Annette Schucker bedanke ich mich für die Unterstützung bei Labortätigkeiten. Bei Frau Gisela Schimana und Frau Tamara Cataldo bedanke ich mich für die hervorragende Unterstützung bei Verwaltungstätigkeiten.

Meinen Assistentenkollegen und Freunden am Institut danke ich für fachliche und menschliche Unterstützung. Insbesondere möchte ich mich bei Zhen Li und meinen Bürokollegen Sandra Jeck und Lukas Metzger für die gute Zusammenarbeit, die fachlichen Diskussionen und auch für die Korrekturen der deutschen und englischen Literaturen bedanken. Bei Dr. Roland Kádár vom Institut für Technische Chemie und Polymerchemie des KIT bedanke ich mich für die Unterstützung bei der Entwicklung einer Messmethode zur Bestimmung der Viskosität einer Polymerlösung.

Herren Patrick Pionneau am Institut für Bio- und Lebensmitteltechnik am KIT, Bereich Makromolekulare Aufbereitung von Bioprodukten, danke ich für die Unterstützung bei der Bestimmung der Molmassenverteilung eines Polymers. Ebenfalls möchte ich mich bei Frau Helena Hörig vom Institut für Technische Chemie und Polymerchemie des KIT für die Unterstützung bei den DSC-Messungen bedanken.

Einen wichtigen Beitrag zu meiner Arbeit haben Philipp-Christoph Wächter, Philipp Lau, Patrik Herberger, Burak Basdag und Tao Jin mit ihren Studien- und Diplomarbeiten geleistet. Mein Dank gilt ihrer Unterstützung bei Messungen und Modellentwicklungen.

Zum Schluss möchte ich mich bei meinen Eltern und bei all denen bedanken, die mir mein Studium in Deutschland ermöglicht und mich in den vergangen Jahren immer unterstützt haben.

Karlsruhe im September 2012

Zhen Liu

Inhaltsverzeichnis

Zusammenfassung

In der vorliegenden Arbeit wurde der Taylor-Couette Reaktor (TCR) hinsichtlich seiner Anwendbarkeit im kontinuierlichen Polymerherstellungsprozess des Polymethylmethacrylats (PMMA) grundlegend charakterisiert. Ziel der Arbeit war die Untersuchung des Einflusses der Vermischung auf ein polymerisierendes Reaktionssystem, bei dem es im kontinuierlichen Prozess zum Viskositätsanstieg kommt. Die Variation der Prozessbedingungen und die Modellierung des Ablaufs der Polymerisationsreaktion unter Verwendung der in den vergangenen Forschungsphasen gewonnenen Erkenntnisse wie Strömungsstruktur und Mischverhalten stellen die Kernthemen der Zielsetzung dar.

Im ersten Teil dieser Arbeit wurde der Umsatzverlauf der freien radikalischen Polymerisation von Methylmethacrylat (MMA) im Lösemittel Xylol mit 2,2-Azoisobutyronitril (AIBN) als Initiator bei einer Reaktionstemperatur von 80°C entlang der Reaktorlänge modelliert. Zur Beschreibung der Taylor-Couette Strömung wurde das Zellenmodell mit Rückvermischung verwendet. In diesem Modell wird die Taylor-Couette Strömung als eine Reihe hintereinander geschalteter Reaktionseinheiten von CSTRs (Continuous Stirred Tank Reactor), d.h. als Rührkesselkaskade, betrachtet. Unter Berücksichtigung der Reaktionskinetik sollte dieses Modell für den Fall der kontinuierlichen Polymerisation weiter modifiziert werden. Dabei wurden die folgenden vier Phänomene zur numerischen Berechnung des Umsatzes im TCR betrachtet:

Zum einen wurde der Massentransport zwischen zwei benachbarten Wirbelzellen im Spalt zwischen zwei Zylindern, die so genannte Makrovermischung durch ein axiales Dispersionsmodell beschrieben. Daraus entstanden Korrelationen, die es ermöglicht haben, den axialen Dispersionskoeffizient in Abhängigkeit von der axialen und der Rotations-Reynoldszahl darzustellen. Aufgrund des nicht-newtonschen Verhaltens der Lösung aus Monomer und Lösemittel wurden die Exponenten der Rotations-Reynoldszahl innerhalb der Korrelationen für das Wellenregime, die Übergangsströmung und den turbulenten Bereich durch Anpassung der experimentellen Daten bestimmt.

Der axiale Dispersionskoeffizient ist eine Funktion der Viskosität, welche während der Polymerisation nicht konstant ist. Deshalb wurde im zweiten Schritt der Modellierung eine Korrelation zwischen der kinematischen Viskosität und der Polymerkonzentration in der Polymerlösung auf Basis des empirischen Modells von Lyons und Tobolsky erarbeitet. Diese Korrelation bietet den Vorteil, dass die Viskosität mit Hilfe des Umsatzes, welcher einfach durch die thermo-gravimetrischen Methode in einem Vakuumtrockenschrank bestimmt werden kann, auch ohne die Durchführung von Rheometer-Messung ermittelt werden kann.

Drittens wurde die Polymerisation von MMA im Batch-Verfahren untersucht, um Kenntnisse über die Reaktionskinetik und die Strömungseigenschaften während der Polymerisation im TCR zu gewinnen. Bei der Durchführung des Versuchs fand sich heraus, dass der Umsatz des Polymers von der Rotationsgeschwindigkeit des Innenzylinders und dem Massenanteil des Lösemittels abhängig ist. Dies bedeutet, dass die Reaktionskinetik von der Scherrate beeinflusst wird. Dieser Effekt wurde als "hydrodynamische Aktivierung" bezeichnet. Mit Hilfe der hydrodynamischen Aktivierung ist es möglich, eine Korrelation aufzustellen, die an die experimentellen Daten angepasst werden kann. Darüber lässt sich dann die Reaktionskonstante direkt aus der Scherrate im TCR errechnen.

Im vierten Schritt wurde der Segregationsgrad aus dem Diffusionsmodell von Villermaux mit Hilfe der Hypothese von Toor für die Charakterisierung der Mikrovermischung eingeführt. Der Segregationsgrad beschreibt die Mischqualität zwischen den Monomeren und den Polymerradikalen während der Polymerisation im TCR.

Mittels des in dieser Arbeit neu entwickelten Mischungsmodells für ein polymerisierendes Reaktionssystem, in dem die Viskositätsänderung noch berücksichtigt werden soll, ist es möglich, über eine numerische Simulation die experimentellen Daten sehr gut wiederzugeben.

Der zweite Teil dieser Arbeit behandelt den Einfluss der Prozessparameter und der Reaktorgeometrie auf die Molmassenverteilung des Polymers. Ein Vergleich der Molmassenverteilung bei verschiedenen mittleren Verweilzeiten und Drehgeschwindigkeiten ergab, dass das mittlere Molekulargewicht mit abnehmender mittlerer Verweilzeit und Drehgeschwindigkeit ansteigt. Dabei wird die Molmassenverteilung von der mittleren Verweilzeit stark beeinflusst. Die Breite der Molmassenverteilung nimmt mit abnehmender mittlerer Verweilzeit und mit zunehmender Drehgeschwindigkeit zu. Beim kleinen Innenzylinder ist das mittlere Molekulargewicht größer als beim großen Innenzylinder, wenn die Drehgeschwindigkeit konstant ist. Darüber hinaus reduziert sich die Breite der Molmassenverteilung mit abnehmender Spaltbreite zwischen zwei Zylindern. In dieser Arbeit wurde eine neue dimensionslose Korrelation entwickelt, in der das Massenmittel der Molmasse als Funktion der Taylor-Zahl und Damköhler-Zahl beschrieben werden kann. Diese Korrelation kann eventuell in Zukunft beim Scale-up eines TCRs verwendet werden.

Abstract

In the present work, a fundamental characterization of Taylor-Couette reactors (TCR) concerning their applicability in the continuous polymer production process of polymethyl methacrylate (PMMA) is performed. The aim of this work is to investigate the influence of mixing on a polymerized reaction system experiencing increasing viscosity under the variation of process conditions. A model is presented using available knowledge of flow properties and mixing behaviour, which is suited to answer the question of how hydrodynamics influences the productivity of a continuously operated TCR.

In the first part, a macro and micromixing model was developed which is suitable for the numerical simulation of the free radical polymerization of methyl methacrylate (MMA) with the solvent xylene and 2,2-Azoisobutyronitrile (AIBN) as the initiator at 80°C using a Taylor-Couette reactor in a continuous process. The reactive Taylor-Couette flow is primarily described by the cell model of axial backmixing. In this model, the flow vortices in a TCR are considered as reaction cells in series with each cell being regarded as a CSTR (continuously stirred tank reactor). The neighbouring cells mix with each other by forward and backward mixing streams. The following four phenomena are modelled to adequately describe the conversion in each of the cells and in the reactor as a whole.

Firstly, mass exchange takes place on the macro-scale between the vortex cells along the gap between the two cylinders. An axial dispersion model is used for the characterization of this macromixing phenomenon. In correlation, it is shown that the axial dispersion coefficient is a function of axial and rotational Reynolds numbers. For the non-Newtonian polymer solution, the exponents of the rotational Reynolds number are determined by fitting the experimental data in the wavy, transition and turbulent regions.

Secondly, the axial dispersion coefficient is dependent on the polymer solution viscosity, which is not constant during the polymerization. Therefore, a correlation between the kinematic viscosity and the polymer concentration is required. In this work, the viscosity model is developed on the basis of the empirical model of Lyon and Tobolsky. Comparing with the viscosity measurement using rheometer, this correlation offers the advantage that the viscosity can be calculated by using the conversion which is determinable easily with the thermo-gravimetric method in a vacuum drying oven.

Thirdly, in order to investigate reaction kinetics and flow behaviour in a TCR, the solution polymerization of MMA is studied in the batch operation. A novel characteristic which considers the influence of hydrodynamic process parameters, i.e. angular velocity, solvent fraction etc., and reactor geometry on polymerization kinetics and polymer properties is found. This influence is called "hydrodynamic activation". A correlation is found from the Arrhenius equation so that the reaction rate constant can be calculated from hydrodynamic process parameters.

Finally, the segregation index from the diffusion model of Villermaux is used to characterize micromixing within the vortices. The segregation index describes the mixing quality between monomer molecules and polymer radicals. Using these four models, the modelling of monomer conversion along the reactor can be accomplished.

This new mixing model, which is suitable for the polymerization reaction system considering the viscosity increasing along the reactor length, is in good agreement with the experimental results.

The second part of this work consists of investigating the influence of process parameters and reactor geometry on the polymer molecular weight distribution. It is found that the property of the polymerized product, i.e. molecular weight distribution, is affected by the fluid dynamic conditions (mean residence time, rotational speed, diameter of the inner cylinder and gap width). The weight average molecular weight decreases with an increase of the mean residence time, is strongly dependent on the geometry of the reactor, and is found to be less dependent on the rotational speed of the inner cylinder. The width of the molecular weight distribution increases with decreasing mean residence time and increasing rotational speed. In addition, the molecular weight distribution generated by a small gap is narrower than that generated by the big one.

Furthermore, a new correlation is developed allowing the weight average molecular weight to be characterized by using an exponential function of Taylor number and Damköhler number. In the correlation, it is assumed that the exponent is a linear function of mean residence time. This model is in good agreement with the experimental results. By using this correlation, it is possible to implement the TCR-device and to quickly estimate the polymer product quality from the TCR.

Symbolverzeichnis

Lateinische Buchstaben

A_1	-	Konstante in der Diffusionsgleichung
a, b	-	Parameter im Mikrovermischungsmodell
a_1, a_2	-	Anpassungsparameter im kinetischen Modell
A	-	Parameter in der Viskositätskorrelation
B	-	Parameter im Modell von Lyons und Tobolsky
c	-	Konstante im Turbulenzmodell
C	mol/l	Konzentration
d	m	Spaltbreite
D	m^2/s	Diffusionskoeffizient
E_a	J/mol	Aktivierungsenergie
f	-	Rückvermischungsverhältnis
F	-	Radikalausbeutefaktor
G	-	Dimensionsloses Drehmoment des Innenzylinders
H	m	Reaktorlänge
I	-	Initiator
I_s	-	Segregationsgrad
k	$m^2 \cdot s^{-2}$	Kinetische Turbulenzenergie
k	$l \cdot mol^{-1} \cdot s^{-1}$	Bruttokoeffizient der hydrodynamischen Aktivierung
k_{app}	$l \cdot mol^{-1} \cdot s^{-1}$	Geschwindigkeitskoeffizient der Polymerisation im Model von Matyjaszewski
k_d	1/s	Zerfallskonstante des Initiators
k_p	$l \cdot mol^{-1} \cdot s^{-1}$	Kettenwachstumskonstante
k_t	$l \cdot mol^{-1} \cdot s^{-1}$	Kettenabbruchskoeffizient
k_{tc}	$l \cdot mol^{-1} \cdot s^{-1}$	Abbruchskoeffizient der Rekombination
k_{td}	$l \cdot mol^{-1} \cdot s^{-1}$	Abbruchskoeffizient der Disproportionierung
k_{tr}	$l \cdot mol^{-1} \cdot s^{-1}$	Kettenübertragungskonstante
k_0	-	Koeffizient der Geschwindigkeitskonstante
k_1	-	Temperaturabhängige Konstante
k_2	-	Konstante in der Diffusionsgleichung
K	$l \cdot mol^{-1} \cdot s^{-1}$	Geschwindigkeitskonstante
K_H	-	Huggins Konstante
K_w	-	Konstante in der Kuhn-Mark-Houwink-Sakurada-Gleichung
m	g	Gewicht

m	-	Reaktionsordnung
$\widetilde{M}$	g/mol	Molekulargewicht
M_n	g/mol	Zahlenmittel der Molmasse
M_p	g/mol	Molekulargewicht am Peakmaximum
M_w	g/mol	Massenmittel der Molmasse
n	-	Exponent in der Kuhn-Mark-Houwink-Sakurada-Gleichung
N	-	Anzahl
p	-	Steigung der linearen Funktion im Exponent für die Korrelation zwischen Ta und M_w
P	-	Oligomer bzw. Polymer
P_n	-	Polymerisationsgrad
$P\cdot$	-	Polymerradikal
PDI	-	Polydispersitätsindex
q	-	Ordinatenabschnitt der linearen Funktion im Exponent für die Korrelation zwischen Ta und M_w
r	$mol\cdot l^{-1}\cdot s^{-1}$	Volumenbezogene Reaktionsgeschwindigkeit im Makrovermischungsmodell
r_{Ab}	$mol\cdot l^{-1}\cdot s^{-1}$	Kettenabbruchsgeschwindigkeit
r_{Br}	$mol\cdot l^{-1}\cdot s^{-1}$	Bruttopolymerisationsgeschwindigkeit
r_p	$mol\cdot l^{-1}\cdot s^{-1}$	Kettenwachstumsgeschwindigkeit
r_{Start}	$mol\cdot l^{-1}\cdot s^{-1}$	Geschwindigkeit des Initiatorzerfalls
R	m	Radius
R	$J\cdot mol^{-1}\cdot K^{-1}$	universelle Gaskonstante
R	mol/s	Reaktionsgeschwindigkeit
$R\cdot$	-	Initiatorradikal
t	s	Zeit
t_d	s	Mesomischzeit
t_m	s	Makromischzeit
t_r	s	Charakteristische Reaktionszeit
t_R	s	Reaktionszeit
t_V	s	Verweilzeit
$\bar{t}_V$	s	Mittlere Verweilzeit ($\bar{t}_V \equiv V/\dot{V}$)
$t_{V,j}$	s	Verweilzeit in der Zelle j im Zellenmodell
t_μ	s	Mikromischzeit
T	K	Temperatur
T_g	K	Glasübergangstemperatur
T_M	J	Drehmoment des Innenzylinders
U	m/s	Strömungsgeschwindigkeit

u'	m/s	Schwankungsgeschwindigkeit
V	ml	Spaltvolumen im Reaktor
$\dot{V}$	ml/h	Axialer Volumenstrom
V_e	ml	Elutionsvolumen
V_B	ml	Besetztes Volumen
V_i	ml	Inneres Volumen des Gels
V_j	ml	Volumen der Zelle *j* im Zellenmodell
V_o	ml	Äußeres Volumen zwischen den Gelpartikeln
V_k	ml	Volumen des konischen Pufferraums
$\dot{V}_{Rück}$	ml/h	Axialer Rückvermischungsvolumenstrom
V_T	ml	Gesamtvolumen
V_{Zelle}	ml	Volumen der Wirbelzelle
X	-	Dimensionslose Massenkonzentration
X	-	Umsatz des Monomers
r, x, z	-	Koordinatenrichtungen

Griechische Buchstaben

α	K^{-1}	Expansionskoeffizient
α, β, γ	-	Exponenten im Dispersionsmodell
δ	m	Sprungabstand in der Diffusionsgleichung
ε	W/kg	Dissipationsrate der turbulenten kinetischen Energie
ϕ	m	Durchmesser
$\dot{\gamma}$	s^{-1}	Scherrate
Γ	-	Verhältnis zwischen der Spaltbreite und Reaktorlänge
η	-	Verhältnis zwischen den Radien des Innen- und Außenzylinders
φ	Hz	Sprungfrequenz in der Diffusionsgleichung
κ	-	Anpassungsparameter für die Korrelation zwischen Ta und M_w
λ	-	Anpassungsparameter in der Korrelation zwischen Da_I und Umsatz
μ	Pas	Dynamische Viskosität
μ_0	Pas	Null-Scherviskosität
μ_{sp}	-	Spezifische Viskosität
$[\mu]$	ml/g	Staudinger Index; Intrinsische Viskosität
ν	m^2/s	Kinematische Viskosität

Θ_F	-	Anteil des freien Volumens
ρ	kg/m^3	Dichte
σ	-	Standardabweichung
ς	-	Proportionalitätsfaktor im Diffusionsmodell
ω	rad/s	Rotationsgeschwindigkeit des Innenzylinders
ψ	-	Proportionalitätsfaktor im Diffusionsmodell
ζ	-	Volumenkontraktionskoeffizient des reinen Monomers

Indizes

0	Anfangswert
ax	Axiale Richtung
ber	Berechnet
kr	Kritisch
exp	experimentell
ges	Gesamt
I	Innenzylinder
I	Anzahl der Substanz
J	Zellennummer
K	Kritisch
L	Lösemittel
m	Anzahl der Polymerradikale
M	Monomer
	Monomermolekül
N	Anzahl der Polymerradikale
O	Außenzylinder
polymer	gebildete Polymer
P	Polymerradikal
rest	Überbliebene Monomer
∞	Unendlich

Abkürzung

Reaktorbauform	
CSTR	Continuous Stirred-Tank Reactor
PFR	Plug Flow Reactor
TCR	Taylor-Couette Reaktor
Chemikalien	
AIBN	2,2-Azoiso-butyronitril
MeOH	Methanol
MMA	Methylmethacrylat
PMMA	Polymethylmethacrylat
Tempo	2,2,6,6-tetramethyl-piperidin-1-oxyl
THF	Tetrahydrofuran
Strömungsregime	
LCF	Laminar Couette Flow
TTV	Turbulent Taylor Regime
TVF	Taylor Vortex Flow
WVF	Wavy Vortex Flow

Dimensionslose Kennzahlen

$Re_\phi = \frac{\omega \cdot R_i \cdot d}{\nu}$ Rotations-Reynoldszahl

$Re_{ax} = \frac{u_{ax} \cdot 2d}{\nu}$ Axiale Reynoldszahl

$Ta = \frac{\omega \cdot R_i \cdot d}{\nu} \cdot \sqrt{\frac{d}{R_i}}$ Taylor-Zahl

$T = \frac{2 \cdot \omega^2 \cdot \eta^2 \cdot d^4}{(1-\eta^2) \cdot \nu^2}$ Taylor-Zahl (Sonderform)

$Sc = \frac{\nu}{D}$ Schmidt-Zahl

$Da_I = k \cdot t_V \cdot C^{n-1}$ Damköhler-Zahl erster Ordnung

1 Einleitung

Eine Taylor-Couette Strömung besitzt eine toroidale Wirbelstruktur, die so genannten Taylor-Wirbel einer Flüssigkeit, die sich im Spalt zwischen zwei konzentrischen Zylindern ausbilden. Die torusförmigen Wirbelzellen rotieren im Spalt in zueinander entgegengesetzten Richtungen. Dieses, aus einem starren Außenzylinder und einem in Rotation versetzten Innenzylindern bestehende System, wird als Taylor-Couette Reaktor (TCR) bezeichnet.

Im Zuge der Untersuchung einer sich ausbildenden Strömung in Abhängigkeit der Geschwindigkeit der Zylinder, untersuchte Newton zunächst im Jahr 1687 die laminare Strömung für bestimmte Rotationsgeschwindigkeiten (Newton, 1934). 1848 untersuchte Stokes die Wirbelbildung aufgrund der Zentrifugalkraft (Stokes, 1880). Um die Navier-Stokes-Gleichung auch an viskose Fluide anpassen zu können, wurde nach Methoden gesucht, die eine exakte Bestimmung der Viskosität zulassen. Deshalb wurde ein Viskosimeter nach dem Prinzip zweier unterschiedlich rotierender, konzentrischer Zylinder aufgebaut (Mallock, 1888). Zwei Jahre später hatte Couette zwei verschiedene Strömungstypen mittels Viskosimeter bestimmt (Couette, 1890). Des Weiteren wurde 1916 mit der Analyse von Strömungsstabilität für nicht viskose Flüssigkeiten begonnen (Rayleigh, 1916). 1923 wurde die Wirbelbildung erstmals mathematisch hergeleitet (Taylor, 1923). Angefangen im letzten Jahrhundert bis heute wurden und werden viele theoretische und experimentelle Untersuchungen zum Thema "Taylor-Couette Reaktor" in verschiedenen Forschungsbereichen durchgeführt, wie zum Beispiel in Gebieten der Strömungsinstabilitäten und chemische Reaktionen.

1.1 Ausgangspunkt der Untersuchung

Im Vergleich zu einem Rührkessel zeichnet sich der Taylor-Couette Reaktor durch ein hohes Verhältnis von Fluidvolumen im Spalt zur Oberfläche des Innenzylinders (Rührorgans) und einer großen Scherkraft zwischen den zwei Zylindern aus. Dabei besitzt der TCR zugleich eine gleichmäßig verteilte Mischintensität im Spalt und keine lokale Spitzen der Turbulenzintensität. Somit kann der Reaktortyp überall vorteilhaft als Mischer oder Reaktor eingesetzt werden, wo Stoffe aufgrund ihrer chemischen oder physikalischen Eigenschaften auf Änderungen der Scherraten empfindlich reagieren oder wo fragile Komponenten vorhanden sind. Darüber hinaus können die Wirbelzellen als eine Kaskade von Rührkesseln betrachtet werden, in denen der Massen- und

Wärmeaustausch zu verbessern sind. Deshalb ist er für kontinuierliche chemische, biochemische und bioreaktive Prozesse mit ein- und mehrphasigen Strömungen geeignet.

In der Literatur findet man zahlreiche Arbeiten über die Untersuchung der Vermischung in der Taylor-Couette Strömung. Als Pionierarbeit wurde die axiale Vermischung in einem Taylor-Couette Reaktor als eine longitudinale Diffusion interpretiert (Croockewit et al., 1955). Mit Variation der Rotationsgeschwindigkeit des Innenzylinders und Reaktorgeometrie wurde der axiale Diffusionskoeffizient durch Analyse der Verweilzeitverteilung ermittelt. Die Dispersion ist ein wichtiger Faktor für die Reaktorkonstruktion und gibt zudem den Betrag der Vermischung innerhalb der Wirbelzellen an, welcher die Produktivität eines reaktiven Systems beeinflusst. In der Taylor-Couette Strömung vollzieht sich die Vermischung in tangentialer, radialer und axialer Richtung. Dabei sind die tangentialen und radialen Mischgeschwindigkeiten schneller als die in axiale Richtung (Kataoka et al., 1975a). Daher wurde die axiale Dispersion als ein dominanter Parameter zur Entwicklung einer reaktiven Wirbelströmung berücksichtigt. Der Massentransport in der Taylor-Couette Strömung ohne axialen Ablauf wurde experimentell untersucht (Tam und Swinney, 1987). Dabei wurde ein eindimensionales Modell zur Analyse des Massenaustausches entwickelt. Der effektive axiale Diffusionskoeffizient ist größer als der molekulare Diffusionskoeffizient und nimmt mit axialer Wellenlänge des Taylor-Wirbels linear zu. Deshalb kann der axiale Diffusionskoeffizient mit einem Potenzgesetz beschrieben werden. In weiteren Forschungsarbeiten wurde eine allgemeine Korrelation zwischen dem axialen Diffusionskoeffizienten und den Betriebsbedingungen aufgestellt (Enokida et al., 1989). Darüber hinaus wurde der axiale Diffusionskoeffizient mit einem axialen Ablauf ermittelt. Pudjiono et al. (1991) haben die Vermischung mit und ohne Betrachtung der molekularen Diffusion in der Taylor-Couette Strömung durchgeführt. Als Ergebnis daraus erfolgt die Verweilzeitverteilung, bei der kleine axiale Reynoldszahlen mit berücksichtigt werden, unter der Annahme, dass der Einfluss der molekularen Diffusion vernachlässigbar ist. Für die meisten Experimente bei niedriger Taylor- und Reynoldszahl unter Berücksichtigung der molekularen Diffusion, kann die Verweilzeitverteilung mit Hilfe des Dispersionsmodells beschrieben werden. Auf Basis des eindimensionalen Modells von Tam und Swinney und der Korrelation von Enokida wurde die Modellierung der axialen Dispersion in einem TCR weiter entwickelt (Moore und Conney, 1995). Diese Korrelation wurde von experimentellen Daten abgeleitet. Dabei hat sich gezeigt, dass der axiale Dispersionskoeffizient im Messbereich von 0,01 bis 10 cm^2/s eine Funktion der Prozessparameter und der

Reaktorgeometrie ist. Der Gültigkeitsbereich der Korrelation erstreckt sich von Strömungen in Rührkesselreaktoren bis hin zur Rohrströmung.

Beim Taylor-Couette Reaktor wird eine starke Zunahme der Rückvermischung mit ansteigender Drehzahl erwartet. Um die extensive axiale Rückvermischung im Spalt bei einigen komplexen Mischungsaufgaben zu unterdrücken, wird die Bauform des Taylor-Couette Reaktors gelegentlich modifiziert, was zum Beispiel durch ringförmige Rippen nach einem bestimmten Abstand in axialer Richtung am Innenzylinder realisiert wird. Dies dient der Vergrößerung der spezifischen Oberflächen im Spalt (Richter et al., 2008). Die Mikrovermischung wird in diesem Fall bei hoher Taylor-Zahl wesentlich verstärkt, gleichzeitig reduziert sich damit der Einfluss der Makrovermischung.

Ein in der Industrie steigendes Interesse bezüglich der Verwendung von Taylor-Couette Reaktoren in der Praxis, führte in den letzten Jahren zu intensiven Diskussionen über deren Einsatzbereich.

Aufgrund der engen Verweilzeitverteilung ist der Taylor-Couette Reaktor für die Herstellung fester Partikel geeignet. Dabei werden die Partikelgrößenverteilung, der Umsatz beziehungsweise die Produktdichte von der Mischintensität stark beeinflusst (Ogihara et al., 1995). Mit einer engen Partikelgrößenverteilung, die durch die Kontrolle der Mischbedingung erzeugt wird, können uniforme, kompakte Partikel produziert werden, was für nachfolgende Produktionsschritte günstig ist. Durch die überlagerte Wirbelströmung kann die geschichtete Strömung vermischt und dispergiert werden (Woods et al., 2010). Bei der Gelierung und Fragmentierung der Kieselsäure (SiO_2) im Batch-Prozess, die als ungiftiger und kostengünstiger Füllstoff in Kunststoffen, Lacken und Kosmetikprodukten häufig verwendet wird, hat sich gezeigt, dass der Leistungseintrag im TCR viel homogener verteilt ist als im Rührkessel (Quarch, 2010). In der sauren Umgebung tritt im TCR eine monomodale Fragmentgrößenverteilung in Abhängigkeit von der Drehzahl auf, weil die Monodalität durch den homogenen Energieeintrag im Reaktor bedingt ist. Die gesamte Verteilung verschiebt sich mit zunehmender Drehzahl erwartungsgemäß zu kleineren Fragmentgrößen.

Des Weiteren wird der Taylor-Couette Reaktor für die Deformation und Ausbildung der unterschiedlichen Proteine eingesetzt, da im Spalt ein homogenes Geschwindigkeitsgefälle durch zwei sich in entgegengesetzte Richtung zueinander drehende Zylinder erzeugt werden kann (Lee und McHugh, 1999). Ein scherinduzierter Wechsel von der Helix zum gedehnten Ring des Poly-L-Lysins vollzieht sich oberhalb der kritischen Scherrate. Die Induktionszeit dieses Wechsels hängt von der Temperatur und der Scherrate ab und wird in Form eines Aktivierungssprung-Terms beschrieben. Zusätzlich ist dieser Wechsel reversibel. Der gedehnte Ring kehrt in wenigen Sekunden zur Helix zurück. Andererseits wird die Scherströmung mit der Entstehung von β-Lactoglobulin bei der Amyloid-Fibrillogenese in vitro zur Reaktion gebracht (Hill et al., 2006). Eine durch scherinduzierte Aggregation ausgebildete saatförmige Art verstärkt die Fibrillenbildung in nativem β-Lactoglobulin, was bedeutet, dass die Scherströmung einen amyloidogenen Vorlauf erzeugen kann. Die vorgeführten Fibrillen werden bei der großen Scherrate im TCR abgebaut.

Im Verhältnis zum Reaktorvolumen besitzt der Taylor-Couette Reaktor eine im Vergleich zum Rührkessel stark vergrößerte Oberfläche, durch die der Wärmetransport verbessert werden kann. Kataoka et al. (1975a) haben sich nicht nur auf die Charakterisierung des Strömungsprofils beschränkt, sondern zusätzlich die Wärme- und Stoffübertragungseigenschaften im TCR studiert (Kataoka, 1975b; Kataoka et al., 1977). Dabei wurde der Einfluss der Wirbelbewegung auf den Wärmetransport mit Hilfe der elektrochemischen Methode charakterisiert. Der Wärmeübertragungskoeffizient kann durch eine halbempirische Modifikation der Gleichgewichtsamplitude berechnet werden. Die guten Wärmeaustauscheigenschaften im TCR sind vor allem für chemische Reaktionen, insbesondere bei Polymerisationsprozessen, von Vorteil.

Als Beispiel dazu kann die Arbeit von Richter genannt werden (Richter et al., 2009), der eine mikrovermischempfindliche Degradationsreaktion von Ethylacetat im TCR ohne und mit eingebauten Rippen am Innenzylinder verglichen hat. Als Ergebnis daraus hat sich gezeigt, dass die Relaxationszeit mit steigender Reaktionstemperatur und Konzentration des Feeds abnimmt. Während der Verseifung kann die Mikrovermischung bei hoher Drehzahl im normalen TCR, wie in einem CSTR angenähert werden. Im Gegensatz dazu wird auf der Makroebene das Mischverhalten im TCR mit Rippen als Rohrreaktor dargestellt. Die verbreitete Meinung dazu ist, dass der normale TCR für eine schnelle chemische Reaktion (die Reaktionszeit $t_R < 19$ s) ausgenutzt werden kann. Für langsame Reaktionen, oder Reaktionen erster Ordnung, ist der TCR mit Rippen sehr gut geeignet, weil in diesem Fall der Umsatz von der makroskopischen Rückvermischung intensiv beeinflusst wird.

In der Literatur lassen sich weitere Arbeiten zur Polymerisation in diesem Doppelzylindersystem finden. Um die Viskositätsänderung im Gel-Effekt-Bereich zu charakterisieren, wurde die Massepolymerisation von MMA in einem Couette-Rheometer bei unterschiedlichen Reaktionstemperaturen untersucht (Sangwai et al., 2006). Durch die Anpassung an die, aus Online-

Messungen erhaltenen experimentellen Daten wurden zwei Viskositätsmodelle für den nicht-isothermen Prozess entwickelt. Damit kann der Viskositätsverlauf während der Polymerisationsreaktion insbesondere im Gel-Effekt-Bereich im Voraus berechnet werden. In anderen Forschungsarbeiten haben beispielsweise Thiele und Breme (1988) die Makro- und Mikrovermischung in der Copolymerisation von Styrol und Acrylnitril in einem TCR mit spiralförmigen Rippen am Innenzylinder (Form eines Schneckenreaktors) untersucht, da dieser Reaktor ermöglicht, hochviskose Fluide besser zu vermischen. Dabei ist ein Segregationsmodell für die Polymerisation bei niedriger Drehzahl geeignet. Das Mikrofluid dient dabei der Reaktion bei hoher Rotationsgeschwindigkeit. Der Umsatz und die Molmassenverteilung des Polymerproduktes hängen von der mittleren Verweilzeit ab.

Durch seinen hohen Scherkraftseintrag in den Spalt wird der Taylor-Couette Reaktor aktuell sehr häufig für Emulsionspolymerisationen eingesetzt. Dieser Reaktortyp wurde zum ersten Mal für die Polymerisation von Styrol mit Natriumdodecylsulfat als Emulgator im VE-Wasser in Erwägung gezogen (Kataoka et al., 1995). Dabei lag der Fokus der Arbeit auf der Charakterisierung der Strömungseigenschaften, der Vermischung zwischen benachbarten Wirbelzellen beziehungsweise innerhalb einer Wirbelzelle und dem Einfluss der Verweilzeit auf die Polymereigenschaften während des Ablaufs der kontinuierlichen Emulsionspolymerisation. Diese Erkenntnisse stellen dar, wie wichtig die Mischbedingungen für den ablaufenden Prozess der Emulsionspolymerisation sind. Der TCR eignet sich für die industrielle Anwendung, wenn alle Einflüsse der Betriebsparameter ausreichend ermittelt wurden, sodass der Scale-up der Prozesse ohne großen experimentellen Aufwand sichergestellt werden kann. Bei weiteren Untersuchungen hat sich gezeigt, dass der Umsatz, die Polymerqualität, sowie die Partikelgrößenverteilung von der mittleren Verweilzeit beziehungsweise der Reaktorgeometrie beeinflusst wird (Rüttgers et al. 2007; Woliński und Wroński, 2009). Die Wachstumsgeschwindigkeit und der Wärmeübergangskoeffizient für den kontinuierlichen Prozess wurden von Pauer et al. (2006) bestimmt. Weiterhin wurde ein mathematisches kinetisches Modell auf Basis der empirischen Korrelation des Mischverhaltens des TCRs und einem kinetischen Modell der kontinuierlichen Emulsionspolymerisation von Styrol in der Rührkesselkaskade entwickelt (Wei et al., 2001). Dabei lassen sich der Umsatz und die Partikelzahlen über die Taylor-Zahl vorhersagen.

Momentan wird der TCR-Einsatz als neuartige Reaktortechnologie in vielen verschiedenen Anwendungsgebieten diskutiert. Neue Produktionsprozesse und die Optimierung vorhandener Verfahren stellen eine hohe Motivation für die Industrie dar.

1.2 Ziel dieser Arbeit

Die Strömung im ringförmigen Spalt zwischen zwei Zylindern wird durch eine bestimmte Anzahl toroidaler Wirbelzellen charakterisiert. Jede Wirbelzelle wird als ein ideal vermischter Rührkessel betrachtet, in dem ein guter Stoffaustausch mit benachbarten Wirbelzellen stattfindet. Daher kann man das Strömungsfeld im kontinuierlichen Prozess als eine Reihe hintereinander geschalteter Rührkessel mit einer engen Verweilzeitverteilung approximieren. Diese enge Verweilzeitverteilung ermöglicht das Erreichen hoher Umsätze und die Spezifizierung bestimmter Eigenschaften (z. B. Molmassenverteilung) eines Polymerprodukts. Im Vergleich zum CSTR (Continuous Stirred-Tank Reactor) verfügt der Taylor-Couette Reaktor über eine größere Wärmeaustauschfläche bezogen auf das Reaktorvolumen und noch bestimmte fluiddynamische Konditionen.

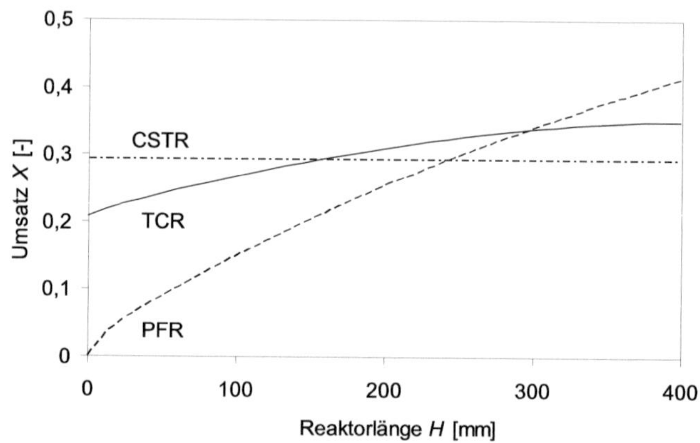

Abb. 1.1: Vergleich des Umsatzverlaufs der freien radikalischen Polymerisation im CSTR, PFR und TCR bei gleichen Prozessbedingungen

In Abb. 1.1 ist der Vergleich der Umsatzverläufe während der freien radikalischen Polymerisation von MMA in Xylol bei 80°C im TCR und CSTR und auch beim PFR (Plug Flow Reactor) jeweils bei einer Drehgeschwindigkeit von 7,4 rad/s dargestellt. Der TCR verhält sich in seinen Eigenschaften wie eine Mischform der beiden Idealmodelle CSTR und PFR. Abhängig von der Drehgeschwindigkeit überwiegt der ein oder andere Reaktortyp. Im PFR ist die Zusammensetzung des Gemisches über den Querschnitt des Rohres (in radialer Richtung) konstant. In axialer Strömungsrichtung erfolgt, unter der Annahme keiner axialen Dispersion, keine Vermischung der Reaktanden, aber es treten Konzentrationsgradienten auf. Im Gegensatz dazu ist der initiale Umsatz am

Eintritt des TCRs nicht gleich null, da die Rückvermischung im TCR eine wichtige Rolle spielt. Bei sehr hohen Drehgeschwindigkeiten verhält sich der TCR nahezu wie ein idealer CSTR. Im CSTR ist die Konzentration der Reaktanden integral konstant. Am Austritt des TCRs liegt der Umsatz des Polymerprodukts zwischen dem von PFR und CSTR.

Bei der Formulierung der Massentransportgleichungen wird generell zwischen zwei Modellvorstellungen unterschieden: dem axialen Dispersionsmodell und dem Zellenmodell mit Rückvermischung. Beim axialen Dispersionsmodell wird der Spalt zwischen zwei Zylindern als ein Bilanzraum (System) betrachtet. Dort überlagern sich axiale Dispersion und ideale Kolbenströmung. Die Stoffübertragung wird mit Hilfe des axialen Dispersionskoeffizienten beschrieben. Unter Anwendung dieses Modells tritt eine große Abweichung zwischen Experiment und Simulation beim polymerisierenden System auf (Abb. 1.2).

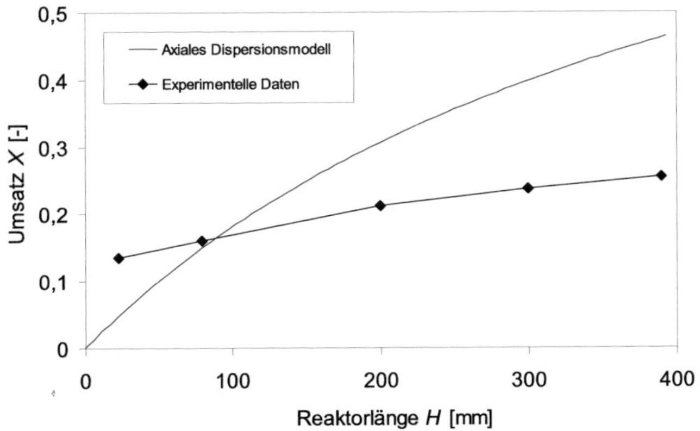

Abb. 1.2: Numerisch berechnete Umsätze aus axialem Dispersionsmodell im Vergleich zu experimentellen Daten ($C_{MMA,0}$ =1,65 mol/l, $C_{AIBN,0}$ = 0,00251 mol/l, $\bar{t}_V$ = 36 min und $\omega_{großer\ Innenzylinder}$ = 7,4 rad/s bei 80°C)

Beim Zellenmodell mit Rückvermischung wird die Stoffkonzentration in jeder einzelnen Wirbelzelle unter Berücksichtigung der Rücklauf-Strömung bilanziert. Das Mischverhalten im TCR kann mit Hilfe dieses Modells genau charakterisiert werden. Dabei gilt das Zellenmodell mit Rückvermischung nur für den Fall, dass keine chemische Reaktion auftritt (Racina, 2009). Für ein reagierendes Stoffsystem muss die Reaktionskinetik implementiert werden. Dazu wird eine neue Formulierung des Mischungsmodells benötigt.

Ziel der Untersuchung ist es, den Zusammenhang zwischen dem Mischungsverhalten und den Polymereigenschaften in einem kontinuierlichen Polymerisationssystem zu charakterisieren, um so die Grundlagen für eine industrielle Anwendung zu verbessern. Dies wird durch experimentelle Untersuchungen der freien radikalischen Lösungspolymerisation von Methylmethacrylat (MMA) unter verschiedenen Prozessbedingungen realisiert. Dazu wird in dieser Arbeit versucht, die ablaufende Polymerisation im TCR unter Verwendung der in der vorangegangenen Forschungsarbeit (Racina, 2009) gewonnenen Erkenntnisse über Strömungsstruktur und Mischverhalten im Reaktor zu modellieren. Ein neues Mischungsmodell des TCRs soll für das polymerisierende Reaktionssystem mit Berücksichtigung der Viskositätsänderung entlang der Reaktorlänge entwickelt werden, damit in Zukunft der Umsatzverlauf im TCR während der kontinuierlichen Polymerisation durch die numerische Simulation schnell und einfach berechnet werden kann. Für die Auslegung eines TCRs ist es wichtig, den Einfluss der Prozessparameter auf die Molmassenverteilung eines Polymers in dimensionslosen Kennzahlen darstellen zu können.

1.3 Arbeitshypothese und Untersuchungsprogramm

Ausgehend von der Prozess- und Modellvorstellung erfolgte die Gliederung der hier vorliegenden Arbeit. Dabei waren die Idee und damit gleichzeitig die Arbeitshypothesen, dass der TCR für den kontinuierlichen Polymerisationsprozess anwendbar ist und die Produkteigenschaften durch die Mischbedingungen im Reaktor modifiziert werden können Die Vorgehensweise zur Beantwortung dieser Arbeitshypothesen ist in Abb. 1.3 schematisch dargestellt.

Die Produktausbeute im TCR wird durch ein numerisches Modell charakterisiert. Die Reaktionskinetik stellt dabei einen wichtigen Kennwert bei der Modellierung dar. Dazu werden Batch-Versuche durchgeführt, über die ein kinetisches Modell für die freie radikalische Polymerisation generiert werden kann. Der Zusammenhang zwischen der Reaktionskonstante und den verschiedenen Prozesskonditionen wird hinsichtlich der Reaktorgeometrie spezifiziert. Weiterhin wird das axiale Dispersionsmodell für die Modellierung der Makrovermischung verwendet. Existierende Korrelationen aus der vorherigen Arbeit gelten nur für die Vermischungsaufgaben bei newtonschen Flüssigkeiten (Racina, 2009). Verhält sich die Polymerlösung wie ein nicht-newtonsches Fluid, müssen in der Simulation des Umsatzverlaufes diese Korrelationen modifiziert werden. Dabei werden bei Untersuchungen kontinuierlicher Polymerisationsreaktionen zunächst Exponenten der Rotations-

Reynoldszahl in den Korrelationen experimentell bestimmt. Der axiale Dispersionskoeffizient ist eine Funktion der Viskosität. Während der kontinuierlichen Polymerisation nimmt die Viskosität der Polymerlösung entlang der Reaktorlänge zu. Deshalb wird dann die Viskosität aller, vom kontinuierlichen Prozess entnommenen Polymerproben, bestimmt, damit ein neues Viskositätsmodell entwickelt werden kann, wobei die Viskosität der Polymerlösung von dem zunehmenden Umsatz des Monomers abhängt. Zur Beschreibung der Vermischung der Monomermoleküle und der Polymerradikale auf mikroskopischer Ebene wird das Diffusionsmodell mit der Berechnung des Segregationsgrad es benötigt. Dazu braucht man eine bekannte Abhängigkeit von Mikromischzeit und Energiedissipationsrate in Form einer Korrelation, um den Segregationsgrad im Modell berechnen zu können.

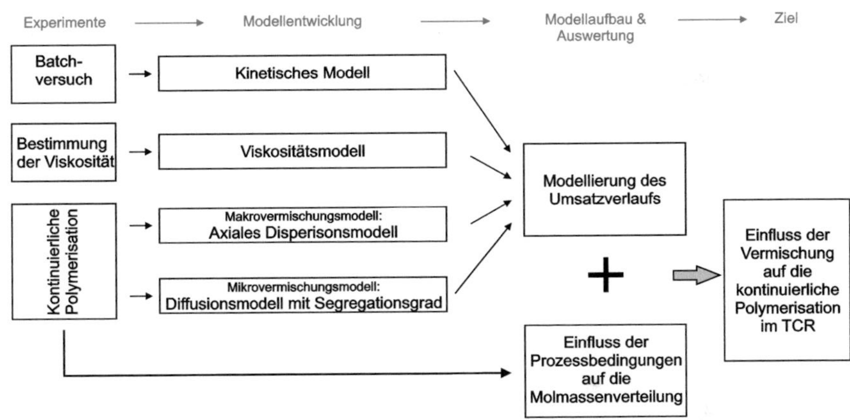

Abb. 1.3: Schematische Darstellung der Arbeitshypothese

Die kontinuierliche freie radikalische Polymerisation von MMA wird unter verschiedenen Prozessbedingungen erfasst, so dass eine Ermittlung des Zusammenhangs zwischen dem mittleren molekularen Gewicht und der dimensionslosen Taylor-Zahl ermöglicht wird. Im Rahmen der experimentellen Untersuchungen wird der Einfluss der Prozess- sowie geometrischen Parameter im TCR auf die Molmassenverteilung des Polymerprodukts erforscht.

Nach der Modellierung und der Untersuchung des Einflusses des dynamischen Verhaltens von Flüssigkeiten auf die Polymereigenschaften werden einige Richtlinien zur Auslegung und dem Scale-up eines TCRs beschrieben. Mit Hilfe des Modells und der erzielten experimentellen

Ergebnisse soll schließlich eine technische Anwendungsmöglichkeit des TCRs bei der Polymerherstellung aufgezeigt werden.

2 Theoretische Grundlagen

2.1 Charakterisierung der Mischqualität

Als Grundoperation der Verfahrenstechnik ist die Vermischung so definiert, dass zwei oder mehrere Stoffkomponenten möglichst gleichmäßig ineinander verteilt werden, um Konzentrationsunterschiede zwischen den verschiedenen Komponenten auszugleichen. In der Praxis wird die Vermischung häufig eingesetzt, um unterschiedliche Ziele zu erreichen (Baldyga und Bourne, 1999). Zum Beispiel kann durch Vermischung die Wärmeübertragung beschleunigt werden, wodurch die Reaktionstemperatur in einem exotherm reagierenden Stoffsystem besser zu steuern ist. In einer Emulsion werden zwei nicht mischbare Stoffe durch Vermischung dispergiert. Durch Vermischung kann eine Komponente in der anderen verteilt werden, um gleiche homogene Eigenschaften zu erreichen.

Bei der Vermischung von Flüssigkeiten werden die Mischvorgänge grundsätzlich in Makro-, Meso- und Mikrovermischung unterteilt. Bei der Makrovermischung wird das Gesamtsystem betrachtet. Dabei werden zwei Substanzen in einem Mischvolumen großräumig verteilt. Jedoch bestehen auf molekularer Ebene noch unvermischte Bereiche. Die Mesovermischung reduziert die Größe der Konzentrationsinhomogenitäten weiter. Bei der Mikrovermischung ist die molekulare Diffusion von großer Bedeutung. Sie findet auf mikroskopischer Ebene mittels Dehnung und Deformation in kleinsten Mikrowirbeln statt, wobei die letzten Konzentrationsunterschiede vollständig durch Diffusion abgebaut werden können.

Unter der Mischzeit versteht man die Zeit, in der der gewünschte Homogenitätsgrad zu erzielen ist. Für die unterschiedlichen Vermischungsebenen werden dabei drei entsprechende charakteristische Mischzeiten definiert: die Makromischzeit t_m, die Mesomischzeit t_d und die Mikromischzeit t_μ. Die gesamte Mischzeit, die benötigt wird, um zwei getrennte Fluide in eine bis auf molekularer Ebene innerhalb einer vorgegebenen Schwankungsbreite homogene Lösung zu überführen, ergibt sich aus der Summe dieser drei charakteristischen Zeiten.

$$t_{gesamt} = t_m + t_d + t_\mu \tag{2.1}$$

Der Ablauf einer Reaktion sowie die Reaktionsgeschwindigkeit und der Umsatz können durch den Mischungszustand wesentlich beeinflusst werden. Dabei ist die Mischungseffizienz sehr wichtig für die Anlagenauslegung. Zur quantitativen Beurteilung der Mischgüte wird häufig der Segregationsgrad verwendet (Danckwerts, 1952). Eine ideale homogene Lösung wird dabei so definiert, dass innerhalb dieser Flüssigkeit alle Komponenten bis zur molekularen Ebene durchmischt sind. In diesem Zustand liegt an jeder Stelle die gleiche dimensionslose Konzentration $\bar{x}_i$ vor, wobei x_i der Massenanteil der Substanz i in dem Gemisch ist.

$$\sum_{i=1}^{n} x_i = 1 \tag{2.2}$$

$$\sum_{i=1}^{n} \bar{x}_i = 1 \tag{2.3}$$

Wenn die Flüssigkeit nicht komplett vermischt ist, treten lokal unterschiedliche Konzentrationen auf, wobei der Mittelwert der Konzentration nicht verändert wird. Die Segregation wird durch die Standardabweichung σ_{x_i} der lokalen Konzentration der Substanz i im System beschrieben.

$$\sigma_{x_i} = \sqrt{\sigma_{x_i}^2} = \sqrt{\overline{(x_i - \bar{x}_i)^2}} \tag{2.4}$$

In Gl. 2.4 ist bereits zu erkennen, dass die Standardabweichung von der mittleren Konzentration abhängt. Um die verschiedenen Mischprozesse einfacher vergleichen zu können, wird diese Standardabweichung auf die Standardabweichung der Null-Mischung, in welcher die beiden zu vermischenden Stoffe vollständig voneinander getrennt vorliegen, bezogen.

$$\sigma_{0,x_i} = \sqrt{\sigma_{0,x_i}^2} = \sqrt{\bar{x}_i \cdot (1 - \bar{x}_i)} \tag{2.5}$$

Der Segregationsgrad I_s wird wie folgt definiert:

$$I_s = \sqrt{\frac{\sigma_{x_i}^2}{\sigma_{0,x_i}^2}} = \sqrt{\frac{\overline{(x_i - \bar{x}_i)^2}}{\bar{x}_i \cdot (1 - \bar{x}_i)}} \tag{2.6}$$

Der Segregationsgrad liegt im Bereich von 0 (ideale homogene Flüssigkeitsmischung) bis 1 (vollständige Entmischung).

2.2 Polymerisationstechnik

Polymere sind Makromoleküle, die aus sich vielfach wiederholenden, durch kovalente Bindungen verknüpften kleinen Moleküleinheiten aufgebaut sind. Die Monomere werden als Grundbausteine bezeichnet und sind niedermolekulare Polymerkette, die sich miteinander zu einem Polymermolekül verbinden (Odian, 2004). Nach dem Polymerisationsmechanismus werden die Polymerisationsreaktionen in Stufenwachstumsreaktionen (Polyaddition/-kondensation) und Kettenwachstumsreaktionen aufgeteilt.

Zu den Kettenwachstumsreaktionen zählen beispielsweise die radikalische Polymerisation, die ionische Polymerisation und die Ziegler-Natta-Polymerisation. Dabei werden heute ein großer Teil der technisch hergestellten Polymere durch radikalische Polymerisation erzeugt. Dabei unterscheidet man die Massepolymerisation, bei der ein Monomer allein reagiert, und Verfahren wie Lösungspolymerisation, Emulsionspolymerisation, Suspensionspolymerisation und Fällungspolymerisation, bei denen das Monomer in einem Träger polymerisiert. Sind zwei unterschiedliche Monomere beteiligt, spricht man von Copolymerisation beziehungsweise heterogener Polymerisation (Lechner et al., 2003).

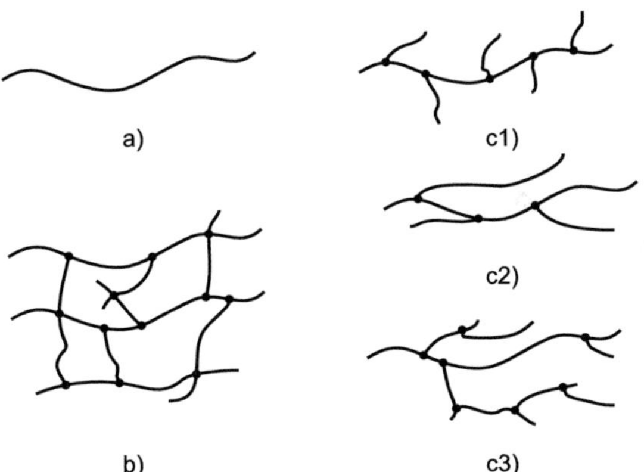

Abb. 2.1: Struktur a) linearer, b) vernetzter und c) verzweigter Polymere

Wie in Abb. 2.1 dargestellt, werden lineare, vernetzte und verzweigte Polymere unterschieden (Odian, 2004). Bei einem linearen Polymer sind die Monomere untereinander zu einer Polymerkette verbunden. Wenn die Hauptkette zusätzlich noch Seitenzweige enthält, dann entstehen verzweigte Polymermoleküle im Polymerisationssystem. Bei verzweigten Polymeren unterscheidet man die kurz verzweigten (Abb. 2.1 c1) und die lang verzweigten Ketten (Abb. 2.1 c2). Wenn es extrem lange Verzweigungen gibt, sind sehr komplizierte verzweigte Struktur möglich, bei denen die Seitenketten weitere Verzweigungen tragen (Abb. 2.1 c3). Bei vernetzten Polymeren sind die einzelnen Polymerketten untereinander verknüpft.

2.2.1 Radikalische Polymerisation

Radikalische Polymerisationsreaktionen werden durch Radikale ausgelöst und durch wachsende Makroradikale fortgepflanzt (Brahm, 2005). Aus Initiatormolekülen I_2 werden zumeist in einer Vorreaktion thermisch, elektrochemisch oder photochemisch paarweise Initiatorradikale $R\cdot$ gebildet.

$$I_2 \xrightarrow{k_d} 2R\cdot \tag{2.7}$$

Das Initiatorradikal reagiert in einer Startreaktion mit einem Monomermolekül M zu einem Monomerradikal $RM\cdot$.

$$R\cdot + M \xrightarrow{k_{p,1}} RM\cdot \equiv P_1\cdot \tag{2.8}$$

In einer Kettenwachstumsreaktion werden fortlaufend Monomere an das Polymerradikal addiert.

$$\begin{aligned} RM_1\cdot + M &\xrightarrow{k_{p,2}} RM_2\cdot \equiv P_2\cdot \\ RM_2\cdot + M &\xrightarrow{k_{p,3}} RM_3\cdot \equiv P_3\cdot \\ &\ldots\ldots \\ RM_{n-1}\cdot + M &\xrightarrow{k_{p,n}} RM_n\cdot \equiv P_n\cdot \end{aligned} \tag{2.9}$$

Die Wachstumsgeschwindigkeit r_p ist abhängig von der Konzentration der Polymerradikale $P_n\cdot$ und der Monomere M. Unter der Voraussetzung, dass alle Polymerradikale die gleiche Reaktivität besitzen, ergibt sich die Wachstumsgeschwindigkeit aus der Konzentration aller Polymerradikale und der aktuellen Monomerkonzentration. Die einzelnen Geschwindigkeitskonstanten $k_{p,i}$ sind identisch, so dass sie zu einer Konstante k_p zusammengefasst werden können (Matyjaszewski et al., 2007).

$$r_p = k_{p,i} \cdot C_M \cdot \sum C_{P_n\cdot} = k_p \cdot C_M \cdot C_{P_n\cdot} \tag{2.10}$$

Das Kettenwachstum kann durch Rekombination oder Disproportionierung beendet werden.

$$P_m \cdot + P_n \cdot \xrightarrow{k_{tc}} P_{m+n} \text{ (Rekombination)} \tag{2.11}$$

$$P_m \cdot + P_n \cdot \xrightarrow{k_{td}} P_m + P_n \text{ (Disproportionierung)} \tag{2.12}$$

Hierbei sind k_{tc} und k_{td} die Abbruchskoeffizienten für Rekombination und Disproportionierung. Die Summe der beiden Werte wird als Abbruchs-koeffizient k_t bezeichnet (Matyjaszewski et al., 2007).

$$k_t = k_{tc} + k_{td} \tag{2.13}$$

Neben der Abbruchsreaktion kann eine Radikalübertragung auf die anderen Reaktanden sowie Monomer, Lösemittel, Initiator und Polymer im reagierenden System erfolgen.

$$P_n \cdot + M \xrightarrow{k_{tr}} P_n + M \cdot \text{ (zum Monomer)} \tag{2.14}$$

$$P_n \cdot + L \xrightarrow{k_{tr}} P_n + L \cdot \text{ (zum Lösemittel)} \tag{2.15}$$

$$P_n \cdot + I \xrightarrow{k_{tr}} P_n + I \cdot \text{ (zum Initiator)} \tag{2.16}$$

$$P_n \cdot + P \xrightarrow{k_{tr}} P_n + P \cdot \text{ (zum Polymer)} \tag{2.17}$$

Dabei ist k_{tr} die Übertragungskonstante. Im Allgemeinen wirkt sich die Übertragungsreaktion auf das Polymerisationssystem nicht stark aus. Nur eine kleine Menge der Polymerradikale ist an diesem Reaktionsschritt beteiligt. Bei manchen Polymerisationen, wie zum Beispiel die von Methylmethacrylat, findet die Übertragungsreaktion überhaupt nicht statt. Deshalb wird die Ketten-übertragung in solchen Fälle bei der Berechnung der Polymerisationskinetik nicht berücksichtigt. Wenn jedoch verzweigte und vernetzte Polymerketten erzeugt werden, dann spielt die Kettenübertragung eine wichtige Rolle. Dabei werden die Polymereigenschaften beziehungsweise die Molmassenverteilung wesentlich von diesem Schritt beeinflusst (Matyjaszewski et al., 2007).

Die Bruttopolymerisationsgeschwindigkeit r_{Br} wird über die Änderung der Konzentrationen des Monomers und des Initiators definiert. Die Voraussetzung ist, dass das Monomer nicht durch andere Reaktionsschritte wie Start oder

Übertragung verbraucht wird. Dies muss bei genügend hohen Polymerisationsgraden ($P_n > 100$) erfüllt werden.

$$r_{Br} = \frac{k_p}{\sqrt{k_t}} \cdot \sqrt{2 \cdot F \cdot k_d} \cdot C_M \cdot \sqrt{C_I} \tag{2.18}$$

Dabei ist F der Radikalausbeutefaktor.

2.2.2 Gel-Effekt

Unter nicht-idealen Bedingungen muss der Gel-Effekt berücksichtigt werden. Der Gel-Effekt (oder Trommsdorff-Norrish-Effekt) beschreibt das Phänomen, dass mit zunehmendem Umsatz die Reaktionsgeschwindigkeit der radikalischen Polymerisation quasi-autokatalytisch ansteigt. Bei hoher Viskosität in der Lösung wird der Diffusionskoeffizient reduziert, wodurch die Abbruchsreaktion zweier Polymermoleküle behindert wird. Aus dem Initiatorzerfall werden weitere Radikale nachgeliefert, so dass die Radikalkonzentration und damit die Polymerisationsgeschwindigkeit im System ansteigt. Dies führt zu einer Erhöhung des Polymerisationsgrades gekoppelt mit steigender Viskosität mit dem Umsatz. Kinetische Messungen zeigen, dass die Ursache für den mit zunehmendem Umsatz beobachteten Gel-Effekt ein Absinken der Abbruchskonstanten ist.

Der Gel-Effekt spielt eine entscheidende Rolle für den Polymerisationsprozess und auch für die Produktqualität. In den letzten Jahren haben sich viele Wissenschaftler mit dem Gel-Effekt beschäftigt. Insbesondere wurde die Polymerisation bei Auftreten des Gel-Effekts mathematisch modelliert und simuliert, um die Polymerqualität vorherzusagen (Chiu et al., 1982; Weickert und Tefera, 1992; Ahn et al., 1997). Andererseits liegen zahlreiche experimentelle Arbeiten vor, in denen der Einfluss des Gel-Effekts auf den Umsatz, die Molmassenverteilung des Polymers beziehungsweise die Reaktionskinetik untersucht wurden (O´Neil et al., 1996 und 1998; Buback et al., 1995; Beuerman et al., 1994, 1995, 1997, 2002, 2004a und 2004b).

2.2.3 Molmassenverteilung

Die Molmassenverteilung ist ein wichtiges Kriterium zur Beurteilung des Polymerprodukts. Die Polymereigenschaften werden stark von der Molmassenverteilung beeinflusst. Durch Kontrolle und Steuerung der Molmassenverteilung können die Stoffeigenschaften der Polymerprodukte modifiziert werden. Die

Molmassenverteilung beschreibt die anteilsmäßige Aufteilung der Molmassen der entstehenden Polymermoleküle. Dazu wird der Polymerisationsgrad als die Anzahl der Grundbausteine pro Polymermolekül definiert (Lechner et al., 2003).

Die Molmassenverteilung eines Polymers entspricht in der Regel einer Schulz-Verteilungsfunktion (Matyjaszewski et al., 2007) und wird anhand verschiedener Mittelwerte charakterisiert. In der Polymerisationstechnik werden häufig das Massenmittel M_w und das Zahlenmittel der Molmasse M_n verwendet, um ein Polymerprodukt statistisch zu beschreiben.

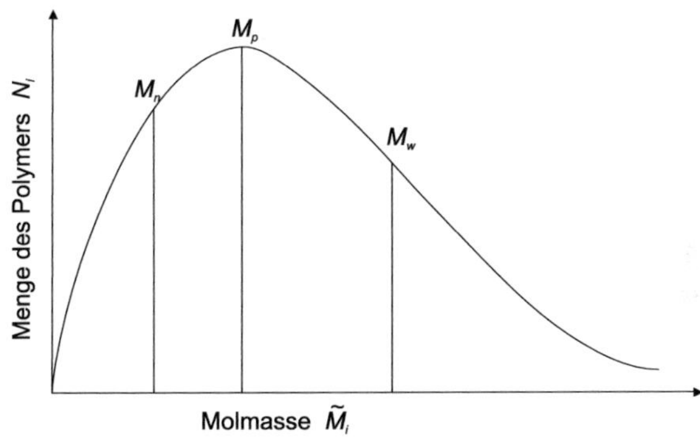

Abb. 2.2: Molmassenverteilung einer Polymerprobe (Odian, 2004)

Dabei wird das Massenmittel des Molekulargewichts M_w nach folgender Gleichung berechnet:

$$M_w = \frac{\sum N_i \cdot \widetilde{M}_i^2}{\sum N_i \cdot \widetilde{M}_i} \tag{2.19}$$

Hierbei ist $\widetilde{M}_i$ die Molmasse der Polymere der jeweiligen Fraktion i, und N_i die Anzahl der Makromoleküle. Analog wird das Zahlenmittel wie folgt definiert:

$$M_n = \frac{\sum N_i \cdot \widetilde{M}_i}{\sum N_i} \tag{2.20}$$

Bei der Molmassenverteilung eines Polymers ist das Massenmittel immer größer als das Zahlenmittel und das Molekulargewicht am Peakmaximum M_p liegt zwischen den beiden Mittelwerten.

$$M_n < M_p < M_w \tag{2.21}$$

Zusätzlich ist die Breite der Molmassenverteilung, die als Verhältnis des Massenmittels zu dem Zahlenmittel bezeichnet wird, ein anderer wichtiger Parameter, um die Polymereigenschaften zu charakterisieren. Dieser Parameter ist der so genannte Polydispersitätsindex *PDI*.

$$PDI = \frac{M_w}{M_n} \tag{2.22}$$

2.3 Vermischung und Polymerisationsreaktion

Die chemische Reaktion ist ein Umwandlungsprozess, bei dem eine oder mehrere chemische Verbindungen zu anderen reagieren. Unter idealen Bedingungen sind die Reaktanden gut miteinander mischbar. Dann wird kein Einfluss der Vermischung auf die Reaktionsgeschwindigkeit bzw. die Produktqualität beobachtet. In der Realität spielt bei der chemischen Reaktion die Vermischung aber eine wichtige Rolle. Die Edukte liegen normalerweise segregiert voneinander vor, so dass die Reaktion nur in der Grenzschicht zwischen den Reaktanden stattfinden kann. Deshalb hängt die Reaktionsgeschwindigkeit nicht nur von der Kinetik, sondern auch von der Geschwindigkeit ab, mit der die reagierenden Moleküle von der Bulkphase an die Kontaktgrenzfläche bewegt werden. Der Ablauf einer chemischen Reaktion bzw. das Konzentrationsprofil im Reaktionsraum wird durch die Vermischung stark beeinflusst. Dies zeigt sich besonders bei der Polymerisation. Die Vermischung in einem Reaktor ist für die Molmassenverteilung des Polymers von entscheidender Bedeutung. Die Abhängigkeit der Polymerisation von den Strömungsbedingungen wurde als erstes von Tadmor und Biesenberger (1965 und 1966) diskutiert. In ihrer Arbeit hat sich gezeigt, dass die Molmassenverteilung in drei verschiedenen Apparaten (Rührkessel, Strömungsrohr und Rührkesselkaskade) unterschiedlich ist. Dabei haben die Autoren den Einfluss der Vermischung systematisiert und modelliert.

Im Allgemeinen ergeben sich bei der Vermischung beispielsweise während der freien radikalischen Polymerisation zwei Grenzfälle (s. Abb. 2.3). Liegen die Monomere getrennt von der Polymerlösung in einem separaten Reaktionsraum vor, werden die Monomere nicht mit den Polymerradikalen vermischt. Dann können die Polymerketten in der Lösung nicht mehr weiter wachsen. Neue Monomere werden bevorzugt untereinander reagieren, so dass neue Polymere mit kurzen Kettenlängen (Oligomere) im System entstehen. Bei perfekter Vermischung werden die Monomere gleichmäßig in der Polymerlösung verteilt und können gleichzeitig an die Polymerradikale addiert werden. In diesem Fall wird eine sehr enge Molmassenverteilung erhalten, die Polymerkettenlängen sollten bei perfekter Vermischung identisch sein.

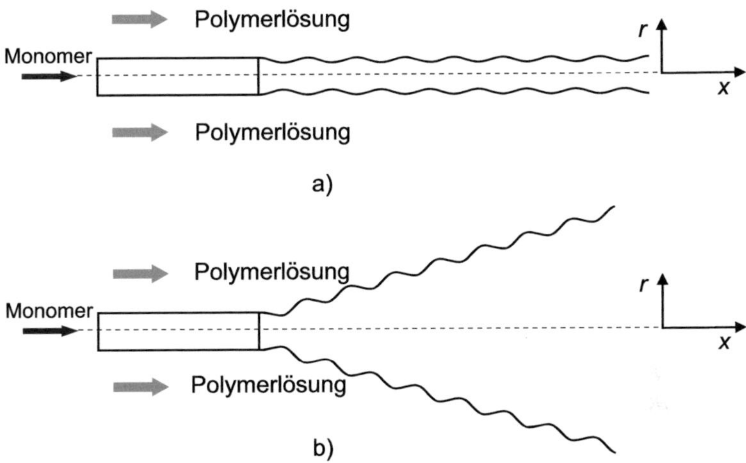

Abb. 2.3: Grenzfälle bei der Vermischung von Monomer und Polymerlösung: a) segregierte und b) ideal durchmischte Lösung

In der Praxis steigt die Viskosität während der Polymerisation an. Wenn die Reaktionswärme nicht rechtzeitig abgeführt oder die Monomere und Polymerradikale im Reaktionsraum nicht gleichmäßig verteilt werden, tritt der Gel-Effekt auf, so dass der Reaktionsprozess außer Kontrolle gerät. Dadurch wird die Polymerqualität beeinträchtigt. Deshalb ist die Vorhersage des Ablaufs der Polymerisation unter den vorliegenden Mischbedingungen notwendig. Es existieren mehre Methoden, um den Umsatz und die Polymereigenschaften unter nicht-idealen Mischbedingungen zu berechnen (Baldyga und Bourne, 1999), wodurch die Prozessführung optimiert wird und die gewünschte Produktqualität erhalten werden kann.

3 Taylor-Couette Strömung – Stand des Wissens

Die Strömung zwischen zwei koaxial, relativ zueinander rotierenden Zylindern wurde seit Ende des 19. Jahrhunderts bei der Viskositätsmessung eingesetzt (Couette, 1890). Im Jahr 1923 hat Taylor erstmals die Strömung zwischen zwei Zylindern, die aus gegeneinander rotierenden Wirbelzellen besteht, durch systematische Untersuchung und theoretische Stabilitätsanalyse charakterisiert (Taylor, 1923). Zum Andenken an ihre großen wissenschaftlichen Beiträge wird diese Strömungsart bis heute als Taylor-Couette Strömung bezeichnet.

In den letzten 100 Jahren gab es zahlreiche theoretische und experimentelle Arbeiten zu den Strömungseigenschaften im Taylor-Couette Reaktor. Andereck et al. (1986) haben die Grenzen zwischen den Strömungsregimes festgestellt und die Regime-Zustände in einem Strömungsbild zusammengefasst, wobei sich je nach Drehgeschwindigkeiten des Außen- und Innenzylinders insgesamt 18 unterschiedliche Regimes ergeben. Wenn nur der Innenzylinder rotiert, während der Außenzylinder festgestellt ist, unterscheidet man fünf Hauptströmungsformen: laminare Couette Strömung, laminare Taylor-Wirbelströmung, wellige Wirbelströmung, frequenzmodulierte wellige Wirbelströmung und turbulente Wirbelströmung.

Als laminare Couette Strömung bezeichnet man eine Scherströmung, bei der die Radialgeschwindigkeit zwischen beiden Zylindern ein lineares Profil hat. Wenn die kritische Rotationsgeschwindigkeit überschritten wird, bilden sich im Spalt toroidale laminare Taylor-Wirbelzellen aus. Mit steigender Drehzahl geht diese Strömungsform in die wellige Wirbelströmung über. Dabei wird jedem Wirbel wellenartige Bewegung in tangentialer Richtung überlagert. Die Strömung ist nun nicht mehr axialsymmetrisch. Bei weiterer Erhöhung der Drehgeschwindigkeit ist ein Anstieg der Frequenz der Wellen zu sehen. Dies ist die sogenannte frequenzmodulierte wellige Wirbelströmung. Bei noch höherer Drehzahl erfolgt der Umschlag in den voll-turbulenten Bereich. Bis heute wurden in Abhängigkeit der Drehgeschwindigkeit im Taylor-Couette Reaktor ca. 70 weitere Strömungsformen gefunden.

3.1 Charakterisierung eines Taylor-Couette Reaktors

Um die für den Strömungswechsel relevanten Parameter der Strömung einfach zusammenzufassen und die Übergänge zwischen den Regimes eindeutig zu definieren, wurden einige dimensionslose Kennzahlen aus der Dimensionsanalyse abgeleitet (Racina, 2009). Zunächst wird die Rotations-Reynoldszahl Re_ϕ des Innenzylinders an dieser Stelle definiert:

$$Re_\phi = \frac{\omega \cdot R_i \cdot d}{\nu} \tag{3.1}$$

Hierbei ist ω die Oberflächengeschwindigkeit, R_i der Außendurchmesser des Innenzylinders, d die Spaltbreite zwischen den zwei konzentrischen Zylindern und ν die kinematische Viskosität.

Zur Beschreibung der Geometrie des Spaltes wird in der Literatur häufig das so genannte Radiusverhältnis η verwendet:

$$\eta = \frac{R_i}{R_o} = \frac{R_i}{R_i + d} \tag{3.2}$$

In dieser Gleichung sind R_i und R_o die Radien des Innen- und Außenzylinders.

Die Stabilitätsanalyse zur Berechnung der kritischen Drehzahl wurde von Taylor (1923) vorgelegt. Dabei wurde die kritische Rotations-Reynoldszahl über das dimensionslose Radiusverhältnis wie folgt korreliert:

$$Re_{\phi,k} = \frac{1}{0{,}1556^2} \cdot \frac{(1+\eta)^2}{2\eta \cdot \sqrt{(1-\eta)\cdot(3+\eta)}} \tag{3.3}$$

Diese Gleichung zeigt, dass die kritische Rotations-Reynoldszahl eine Funktion des Verhältnisses zwischen den Radien der Außen- und Innenzylinder ist. In der Literatur wird die Taylor-Zahl anstatt der Reynoldszahl eingesetzt, um den Strömungszustand im Taylor-Couette Reaktor zu charakterisieren.

$$Ta = \frac{\omega \cdot R_i \cdot d}{\nu} \cdot \sqrt{\frac{d}{R_i}} = Re_\phi \cdot \sqrt{\frac{d}{R_i}} \tag{3.4}$$

Dabei gibt es für die Taylor-Zahl in manchen älteren Literaturquellen noch eine besondere Form:

$$T = \frac{2 \cdot \omega^2 \cdot \eta^2 \cdot d^4}{(1-\eta^2) \cdot \nu^2} \tag{3.5}$$

Die kritische Reynoldszahl für den Übergang zur Wirbelströmung kann mit Hilfe der folgenden empirischen Gleichung berechnet werden (Snyder, 1962):

$$T_k = T_k\left(Re_{ax} = 0\right) + 0{,}28 \cdot Re_{ax}^2 \tag{3.6}$$

Die axiale Strömung wird durch die axiale Reynoldszahl Re_{ax} beschrieben (Racina, 2009):

$$Re_{ax} = \frac{u_{ax} \cdot 2d}{\nu} \tag{3.7}$$

wobei u_{ax} die axiale Strömungsgeschwindigkeit im Spalt ist.

Außerdem wird noch eine Kennzahl, das Längenverhältnis Γ, eingeführt, die das Verhältnis der Reaktorlänge H zur Spaltbreite d beschreibt.

$$\Gamma = \frac{H}{d} \tag{3.8}$$

3.2 Vermischung im Taylor-Couette Reaktor

Im Taylor-Couette Reaktor können abhängig von den gewählten Prozessparametern die skalenübergreifenden Mischvorgänge sowie die Makro-, Meso- und Mikrovermischung getrennt voneinander beeinflusst werden (Racina, 2009). Seine Vorteile liegen darin, dass sich eine intensive lokale Vermischung und gleichmäßige Verteilung bei geringer axialer Dispersion ergibt. In der Vergangenheit wurde der fluiddynamische Zustand im Reaktor charakterisiert und das Mischverhalten von isoviskosen beziehungsweise nicht-isoviskosen Flüssigkeiten unter Variation der strömungstechnischen Verhältnisse untersucht, um so Erkenntnisse über die Vermischung unter nicht-idealen Bedingungen im Taylor-Couette Reaktor zu gewinnen.

3.2.1 Vorhandene Methoden zur Untersuchung der Vermischung

Zur Untersuchung der Makrovermischung im kontinuierlich betriebenen System wird die Makromischzeit durch Messung der Verweilzeit im Reaktor bestimmt. Die einfachste Methode dazu ist die Tracer-Input Methode, bei der man einen Tracer-Impuls dem Reaktorinhalt zugibt und das Antwort-Signal am Austritt aus dem Reaktor abliest. Als Tracer kann eine Salzlösung oder ein Farbstoff verwendet werden. Dabei wird die Verweilzeitverteilung durch Bestimmung der

Salzkonzentration mittels einer Leitfähigkeitsanalyse beziehungsweise der Farbintensität mittels Spektrometrie ermittelt. Wenn die Konzentration nicht am Austritt, sondern an irgendeiner Stelle im Reaktor gemessen wird, erhält man eine Information über die lokalen Mischbedingungen an der ausgewählten Stelle. Allerdings ist die Genauigkeit dieser Messungen abhängig von der Probengröße. Je größer das Probenvolumen ist, desto feinere Strukturen können in der Strömung aufgelöst werden.

Die lokalen Konzentrationen können mittels der LIF-Methode (Laser Induced Fluorescence) bestimmt werden. Der einen LIF-aktiven Farbstoff enthaltende Tracer wird in die Strömung zugegeben und seine Einmischung in die Strömung mit einer Hochgeschwindigkeitskamera im Lichtschnittverfahren aufgenommen. Bei der LIF-Messung wird die Helligkeit jedes Pixels, welche direkt mit der Konzentration verbunden ist, in Konzentrationswerte umgerechnet. Dabei werden die lokalen Konzentrationen ermittelt. Wegen der Konzentrationsschwankung ist die Auflösung dieser Methode limitiert, so dass bei hohen Konzentrationen die Intensität der Fluoreszenz keine lineare Funktion der Konzentration ist. Aufgrund der Diskretisierung der Farbintensität beim normalen Abbildungsverfahren in nur 256 Stufen ist diese Methode für sehr kleine Konzentrationsunterschiede nicht geeignet.

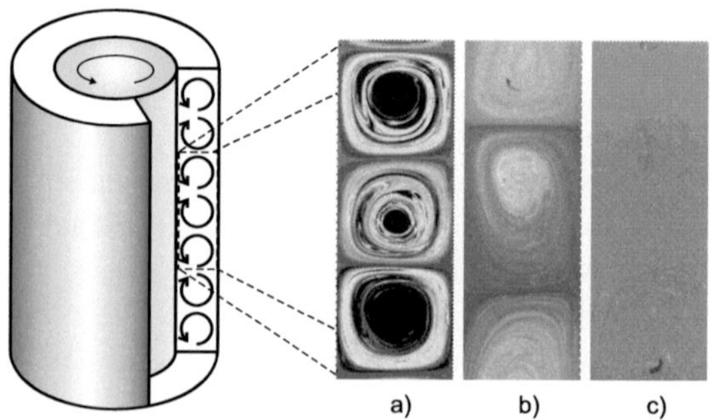

Abb. 3.1: Visualisierung der Vermischung der isoviskosen Flüssigkeiten in einem Taylor-Couette Reaktor mit axialer Reynoldszahl $Re_{ax} = 2$ bei unterschiedlichen Rotations-Reynoldszahlen: a) $Re_{\phi} = 129$; b) $Re_{\phi} = 257$ und c) $Re_{\phi} = 386$ (Racina, 2009)

Die mittlere Mikromischzeit in turbulenten Strömungen wird durch die Untersuchung der Energiedissipation in der Strömung ermittelt. Die in die Strömung eingetragene Energie kann durch Bestimmung des Energieverlustes in der Strömung (Druckverlust im Falle einer Rohrströmung, Drehmoment im

System mit einem rotierenden Rührorgan) ermittelt werden. Um die lokalen Mikromischzeiten zu berechnen, sind die lokalen Werte der turbulenten Geschwindigkeitsschwankung notwendig. Daraus wird die lokale Energiedissipationsrate in der Strömung und anschließend die Mikromischzeit berechnet. Die Energiedissipationsrate kann mit Hilfe von PIV-Aufnahmen (Particle Image Velocimetry) bestimmt werden.

3.2.2 Makrovermischung zwischen benachbarten Wirbelzellen

Die Strömung im Taylor-Couette Reaktor wurde mit Hilfe des Modells axialer Rückvermischung beschrieben (Croockewit et al., 1955; Enokida et al., 1989; Pudjiono et al., 1992; Moore und Cooney, 1995). Dabei kann die Strömung als ideal quervermischte Rohrströmung approximiert werden. Für die Makrovermischung wurden basierend auf dem Dispersionsmodell von Kafarov und Glebov (1991) beziehungsweise dem Modell von Desmet et al. (1996) neue Korrelationen für den axialen Dispersionskoeffizienten entwickelt. Beim Wellenregime ist der Dispersionskoeffizient eine Funktion der Rotations-Reynoldszahl und des Radiusverhältnisses im Taylor-Couette Reaktor. Für das turbulente Regime ist in der Korrelation neben der Rotations-Reynoldszahl auch die axiale Reynoldszahl enthalten. Durch diese Korrelationen können die experimentellen Ergebnisse gut wiedergegeben werden. Die Makromischzeiten werden mit Hilfe dieser beiden Korrelationen nach folgender Gleichung berechnet:

$$t_m = \frac{2 \cdot d^2}{D_{ax}} \tag{3.9}$$

Aus den experimentellen Daten (Racina, 2009) ist bereits zu erkennen, dass die Mischzeiten eine Größenordnung von 0,1 bis 100 s haben.

3.2.3 Lokale Mischintensität

Mit Hilfe der PIV-Methode können die lokalen Geschwindigkeiten und dadurch auch die Geschwindigkeitsschwankungen bestimmt werden. Zur Berechnung der lokalen Mikromischzeiten aus den PIV-Vektorfeldern wird die folgende Gleichung der Energiedissipationsrate verwendet:

$$\varepsilon = \nu \cdot \left\{ 2 \cdot \overline{\left(\frac{\partial u_r'}{\partial r} \right)^2} + 2 \cdot \overline{\left(\frac{\partial u_z'}{\partial z} \right)^2} + 3 \cdot \overline{\left(\frac{\partial u_r'}{\partial z} \right)^2} + 3 \cdot \overline{\left(\frac{\partial u_z'}{\partial r} \right)^2} + 2 \cdot \overline{\frac{\partial u_r'}{\partial z} \cdot \frac{\partial u_z'}{\partial r}} \right\} \tag{3.10}$$

Hierbei sind r und z die Koordinatenrichtungen, ν die kinematische Viskosität und u_r' und u_z' die dazugehörigen Schwankungsgeschwindigkeiten.

Die Energiedissipationsrate ε ist ein Maß für die kinetische Energie, die durch die Turbulenz-Kaskade in Wärme dissipiert wird und damit zur Vermischung beiträgt. Die auf diese Weise berechneten Mikromischzeiten hängen stark von der bei der Auswertung der PIV-Daten verwendeten örtlichen Auflösung ab. Wenn die gleiche Aufnahme mit verschiedenen Auflösungen ausgewertet wird, ergeben sich dabei unterschiedliche Werte für die Energiedissipation. Um die Energiedissipationsrate richtig berechnen zu können, müsste die örtliche Auflösung in der Größenordnung der Kolmogorov-Wirbelgröße sein. Bei einer groben Auflösung wird der Anteil der Energiedissipation verkleinert, da die feinen Turbulenzstrukturen in der Strömung nicht aufgelöst werden. Eine so feine Auflösung kann mit der vorhandenen Messtechnik nicht erreicht werden. Es gibt jedoch einige Methoden, mit denen die Energiedissipation bei einer bestimmten Auflösung berechnet werden kann, damit die richtigen Werte für die Mikromischzeit erhalten werden kann. Dazu wird vor allem die mittlere Energiedissipationsrate oder die mittlere Kolmogorov-Wirbelgröße als Bezugsgröße benötigt. Das bedeutet, dass zur Energiedissipation zuerst eine Referenzmessung durchgeführt werden muss. Ohne Referenzmessung kann aus den PIV-Daten nur eine relative Verteilung der Energiedissipationsraten und folglich auch der Mischzeiten in der Strömung abgeleitet werden, aber nicht deren absolute Werte. Deshalb wurden zusätzlich noch die Drehmomente des Innenzylinders gemessen.

Wie bei anderen Rührvorgängen spielt die dissipierte Leistung bei der Vermischung im Taylor-Couette Reaktor eine wichtige Rolle. Die Energiedissipationsrate ε und die Mikromischzeit können aus dieser Leistung bestimmt werden. Eine Dimensionsanalyse mit dem Drehmoment T_M zeigt, dass das dimensionslose Drehmoment G eine Funktion der Reaktorgeometrie und der Rotations-Reynoldszahl ist.

$$G = \frac{T_M}{\rho \cdot \nu^2 \cdot H} = f\left(Re_\phi\right) \tag{3.11}$$

Das Drehmoment wurde mittels der vorhandenen Messeinrichtung experimentell bestimmt (Racina, 2009). Sie besteht aus einem reibungsfreien luftgelagerten Drehtisch und einer Waage. Der Außenzylinder wurde von dem Innenzylinder getrennt und auf dem Drehtisch konzentrisch befestigt. Das vom Innenzylinder an die Flüssigkeit übertragene Drehmoment wird auf den oberen Teil des Drehtisches übertragen. Die durch das Drehmoment erzeugte Kraft belastet einen Seilzug, der in einem bekannten Abstand von der Drehachse am Drehtisch angeschlossen ist. Mit Hilfe einer Waage wird diese Kraft gemessen und daraus das übertragene Drehmoment berechnet. Auf diese Weise wurden die Drehmomente des mittleren Innenzylinders bei verschiedenen Drehzahlen und für verschiedene Flüssigkeiten gemessen. Durch Anpassung an die experimentellen Daten wurde eine Korrelation zwischen dem dimensionslosen Drehmoment und der Reynoldszahl sowie der Reaktorgeometrie aufgestellt.

Die Beziehung zwischen der mittleren Mikromischzeit und dem dimensionslosen Drehmoment kann mit folgender Gleichung beschrieben werden (Baldyga und Bourne, 1999):

$$\bar{t}_\mu = \frac{12}{ln(2)} \cdot \sqrt{\frac{\nu}{\varepsilon}} = \frac{12}{ln(2)} \cdot \sqrt{\frac{\pi \cdot \left(R_o^2 - R_i^2\right)}{G \cdot \nu \cdot \omega}} \tag{3.12}$$

Mit dieser Gleichung wurden die Mikromischzeiten für verschiedene Betriebsbedingungen berechnet. Um die Mikromischzeiten in verschiedenen Flüssigkeiten vergleichen zu können, werden diese „Mikromischzeiten" bei der Auswertung mit der jeweiligen Viskosität multipliziert. Dabei hängt die Mikromischzeit nach der Entdimensionierung lediglich von der Taylor-Zahl und dem Radiusverhältnis ab. Die Mikromischzeit nimmt mit ansteigender Reynoldszahl ab. Auf Basis von Versuchsdaten wurden zwei allgemeine Zusammenhänge $t_\mu \sim Re_\phi^{-1,2}$ ($800 < Re_\phi < 10^4$) bzw. $t_\mu \sim Re_\phi^{-1,4}$ ($10^4 < Re_\phi < 3,4 \cdot 10^4$) gefunden. Die mittleren Mikromischzeiten liegen in einer Größenordnung von $1 \cdot 10^{-4}$ bis $1 \cdot 10^{-1}$ s.

3.2.4 Berechnung der Mesomischzeit

Die Mesovermischung ist ein Mischvorgang, der innerhalb einer Wirbelzelle im Taylor-Couette Reaktor stattfindet. Die untersuchte Strömung wird mittels der LIF-Methode visualisiert. Somit kann die Mesomischzeit als charakteristische Mischzeit in der Wirbelzelle berechnet werden.

Bei laminarer Strömung ist die Dissipation der Konzentrationsvarianz eine Exponentialfunktion der Zeit. Ein Mesovermischungsmodell wurde von Baldyga und Bourne (1999) für den Fall eines kontinuierlich betriebenen Reaktors hergeleitet. Nach diesem Modell kann die Dissipation der Konzentrationsvarianz bei allen Strömungsregimes als eine Reaktion erster Ordnung beschrieben werden. Der Kehrwert der Geschwindigkeitskonstante $1/k$ wird als charakteristische Reaktionszeit der Reaktion erster Ordnung bezeichnet. Analog kann die Dissipation der Konzentrationsvarianz über die Dissipationsrate formuliert werden, wobei der Kehrwert die charakteristische Mischzeit darstellt. Der Segregationsgrad I_s in der Wirbelzelle j wird vom Segregationsgrad in der Wirbelzelle (j-1), aus welcher die Strömung in die Zelle j eintritt, von der Verweilzeit in der Wirbelzelle t_V und der charakteristischen Mesomischzeit t_d beeinflusst:

$$I_{s,j} = \frac{I_{s,j-1}}{\sqrt{1+\frac{t_V}{t_d}}} \tag{3.13}$$

Die Segregationsgrade für die benachbarten Wirbelzellen wurden aus LIF-Aufnahmen berechnet. Die Verweilzeit in der Wirbelzelle wurde aus dem Zellenvolumen und mit dem jeweiligen axialen Volumenstrom berechnet. Durch Anpassung dieser Korrelation an die Versuchsdaten können die Mesomischzeiten für alle Strömungsregimes bestimmt werden.

Der Segregationsgrad in einer Wirbelzelle nimmt mit zunehmendem axialem Volumenstrom zu. Da sich die mittlere Verweilzeit dementsprechend verkleinert, ist die Strömung am Austritt der Zelle weniger gut vermischt. Die Mesomischzeiten werden bei gleicher Reynolds-Zahl nicht vom Volumenstrom beeinflusst. Die charakteristische Mesomischzeit ist lediglich von der Rotations-Reynoldszahl abhängig. Erfahrungsgemäß ist die Mesomischzeit höher als die Mikromischzeit, und kleiner als die Makromischzeit. Die Differenz zwischen Mikro- und Mesomischzeit wird mit ansteigender Rotations-Reynoldszahl immer kleiner.

4 Versuchsaufbau und experimentelle Methoden

4.1 Kenndaten des Versuchsreaktors

Zur Untersuchung der Polymerisation in der Taylor-Couette Strömung wurde den messtechnischen Anforderungen entsprechend einer neuen Versuchsanlage aufgebaut. Diese steht, wie in Abb. 4.1 dargestellt, aus einem Wasserbehälter und einem von diesem Wasserbehälter eingeschlossenen senkrechten Taylor-Couette Reaktor, dessen Innenzylinder am oberen Ende an einen Rührmotor gekoppelt ist.

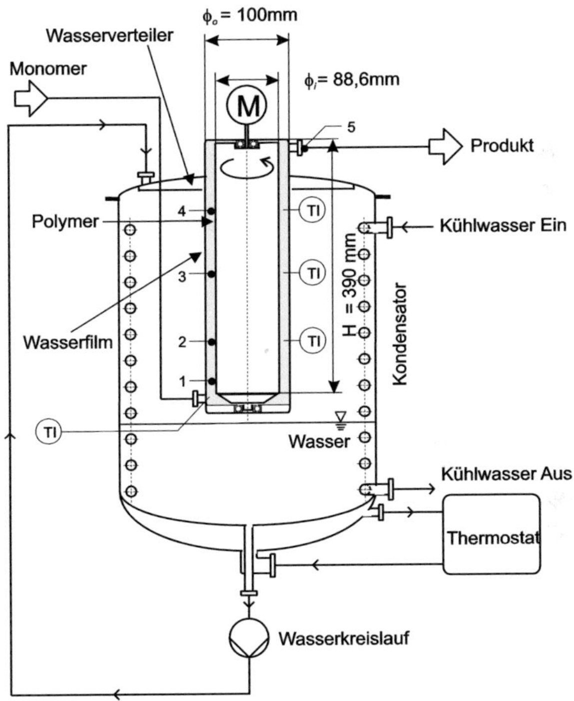

Abb. 4.1: Versuchsreaktor mit großem Innenzylinder (Durchmesser 88,6 mm) und integriertem Heiz- und Kühlsystem für einen kontinuierlichen Prozess

In der Anlage soll eine Polymerisationsreaktion durchgeführt werden, demnach ist sie gegen hohe Temperaturen und hohe Drücke beständig. Außerdem muss sie nach einem Versuch leicht zu reinigen sein, so dass Edelstahl als Material für die Fertigung ausgewählt wurde. Der Nenndruck im Reaktor beträgt 6 bar, die maximale Reaktionstemperatur liegt bei 160°C. Zur Anlage gehören mehrere Pumpen sowie ein Thermostat zum Temperieren der Reaktanden auf die gewünschte Temperatur. Es ist bereits bekannt, dass die chemische Reaktion meist Energie braucht. Die Polymerisation ist am Anfang eine endotherme Reaktion, wobei unter Energiezufuhr freie Radikale generiert werden. Während der Polymerisationsreaktion wird anschließend Wärme frei (Odian, 2004). Um die Reaktionswärme gut durch den äußeren Zylinder abzuführen, wird aufgrund der größeren spezifischen Wärmekapazität von Wasser ein Wasserrieselfilm eingesetzt. Das Wasser fließt an der Wand von oben nach unten ab, wobei sich ein ca. 3 mm dicker Rieselfilm ausbildet, mit dem die Reaktionswärme an der Oberfläche des äußeren Zylinders gleichmäßig zu- und abgeführt werden kann.

Um die Ergebnisse aus vergangenen Arbeiten weiter nutzen zu können, wurde die Abmessung des neuen Reaktors von einem vorhandenen Taylor-Couette Reaktor, der zur Untersuchung der Visualisierung der Vermischung verwendet wurde, übernommen. Der Außenzylinder hat einen Innendurchmesser von 100 mm. Drei verschiedene Innenzylinder wurden in dieser Arbeit verwendet, mit Außendurchmessern von 63 mm, 75,8 mm und 88,6 mm. Die Länge des Außenzylinders beträgt 406 mm. Zur kontinuierlichen Überwachung der Temperatur im Reaktor wurden am Eintritt sowie auf einer Höhe von 80 mm, 200 mm und 300 mm insgesamt vier Thermoelemente eingebaut.

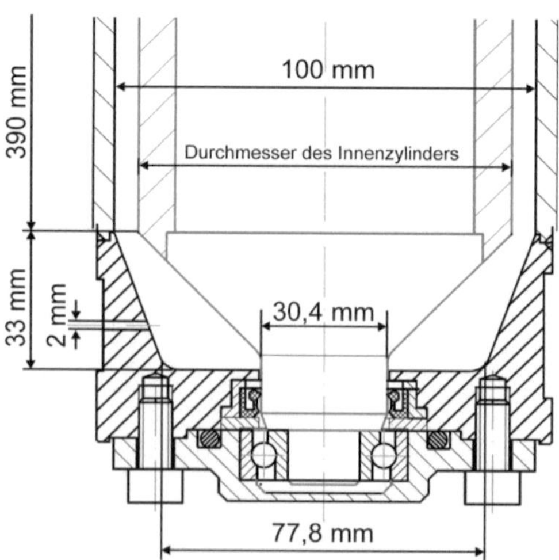

Abb. 4.2: Konstruktion und Abmessungen des Unterteils des Taylor-Couette Reaktors

Das Unterteil des Reaktors wurde kegelförmig konstruiert und steht als zusätzlicher Reaktorraum zur Verfügung. Die Länge des Innenzylinders beträgt ohne den konischen Zulaufbereich 390 mm. Um Einlaufeffekte im Zulauf des Reaktors zu vermeiden, ist die Länge des Zylinders so groß wie möglich gewählt. Die Einlaufeffekte können sich auf zwei bis drei Spaltbreiten auswirken (Giordano et al., 1998; Parker und Merati, 1996), weshalb am unteren Reaktor zusätzlich ein kegelförmiger Pufferraum vorgesehen wurde.

Der konische Zulaufbereich verkürzt weiterhin die Zulaufstrecke, da sich die Wirbelströmung teilweise schon in diesem kegelförmigen Pufferraum ausbildet. Daher wurden die in dieser Arbeit vorgenommenen Messungen nicht durch Einlaufeffekte beeinflusst. Die Konstruktion einschließlich der Kenngrößen und Abmessungen ist in Abb. 4.1 dargestellt.

Tab. 4.1: Kenngrößen des TCRs mit drei unterschiedlichen Innenzylindern

Innenzylinder:	klein	mittel	groß
Durchmesser ϕ_i [mm]	63	75,8	88,6
Spaltbereite d [mm]	18,5	12,1	5,7
Radienverhältnis η	0,63	0,758	0,886
Kritische Reynoldszahl $Re_{\phi,k}$	57,6	49,9	44,7
Kritische Taylor-Zahl Ta_k	75,2	88,3	124,6
Längenverhältnis Γ	21	32	68
Spaltvolumen im Reaktor V [ml]	1850	1305	660
Volumen des konischen Pufferraums V_k [ml]	128	95	97
Anzahl der Wirbelzellen im Spalt*)	22	34	70

*) In dieser Arbeit wurde der konische Pufferraum als erste Wirbelzelle betrachtet.

Beim Aufbau der Versuchsanlage mussten folgende Anforderungen hinsichtlich der Abmessungen des Reaktors abgedeckt werden. In einer vorausgegangenen Arbeit hat sich gezeigt, dass mit diesen drei ausgewählten Zylindergrößen ein möglichst großer Bereich des Strömungsregimes erreicht werden kann. Die Anlage sollte für Batch-Versuche sowie den kontinuierlichen Prozess geeignet sein. Zur Untersuchung des Einflusses der Vermischung auf die Polymerisation im kontinuierlichen Prozess ist die Probeentnahme auf verschiedenen Höhen des Reaktors notwendig, damit die Änderungen des Strömungsregimes, des Umsatzes, der Viskosität und des mittleren Molekulargewicht (M_w bzw. M_n) sowie der Breite der Molmassenverteilung (M_w/M_n) bei der Polymerisation im TCR ermittelt werden können. Fünf Probeentnahmestellen befinden sich auf einer Höhe von 22,8 mm, 80 mm, 200 mm, 300 mm sowie am Austritt (390 mm).

4.2 Auswahl eines polymerisierendes Reaktionssystems

Um den Einfluss der Vermischung auf die chemische Reaktion im Taylor-Couette Reaktor zu ermitteln, wurde in dieser Arbeit die Polymerisationsreaktion als Beispiel verwendet. Die Test-Polymerisation muss dabei einige Voraussetzungen erfüllen. Die Produkteigenschaften müssen von der Mischqualität im untersuchten Parameterbereich (Temperatur, Schergefälle) stark beeinflusst werden. Das bedeutet, dass eine Reaktion mit schneller und vor allem gut untersuchter Kinetik benötigt wird. Außerdem sollte es möglich sein, die Reaktion nach der Probeentnahme mit Hilfe eines Inhibitors (2,2,6,6-Tetramethylpiperidin-1-Oxy) schnell zu stoppen und die Konzentration von Produkten und Ausgangsstoffen muss mit bekannten Methoden leicht zu analysieren sein.

Tab. 4.2: Verwendete Chemikalien für das ausgewählte Reaktionssystem

Substanz	Abkürzung	Chemische Formel	Molmasse [g/mol]	Dichte [g/cm^3]	Siedepunkt [°C]
Methyl-methacrylat	MMA	$C_5H_8O_2$	100,12	0,87 (bei 80°C)	101
2,2-Azoiso-butyronitril	AIBN	$C_8H_{12}N_4$	164,21	1,11	Feststoff
2,2,6,6-tetramethyl-piperidin-1-oxyl	Tempo	$C_9H_{18}NO$	156,25	1,00	Feststoff

Als praxisnahes Beispiel wurde die Lösungspolymerisation von MMA im Taylor-Couette Reaktor betrachtet, da die Polymerisation von MMA in den letzten 50 Jahren insbesondere im Gebiet der Polymerisationskinetik intensiv untersucht wurde. Aus Literaturdaten ist bereits bekannt, dass die optimale Reaktionstemperatur der Lösungspolymerisation von Acrylaten meist im Bereich von 50°C bis 90°C liegt (Trommsdorf et al., 1948; Dubé und Peblidis, 1995; De La Fuente, und Madruga, 2000; O'Neil et al., 1996 und 1998). Hier wurde eine Reaktionstemperatur von 80°C eingestellt, weil bei dieser Temperatur der ausgewählte Initiator 2,2-Azoisobutyronitril (AIBN), die beste

Initiierung hat. Die für die Polymerisation verwendeten Chemikalien sind in Tab. 4.2 aufgelistet.

Für die Lösungspolymerisation spielt das Lösemittel eine wichtige Rolle. Vor allem muss das Polymer PMMA in diesem Lösemittel sehr gut löslich sein. Um während der Reaktion und insbesondere auch bei der Viskositätsmessung das Verdampfen des Lösemittels zu vermeiden, ist ein Lösemittel mit einem hohen Siedepunkt notwendig. Durch Vermischung des Monomers mit dem Lösemittel kann auch die Verdampfung von MMA weiterhin minimiert werden. Es sollte möglichst nicht giftig und nicht gesundheitsschädlich sein. Unter diesen Bedingungen sind die Lösemittel Tetrahdydrofuran (THF), Aceton und Methanol, die normalerweise für die Lösungspolymerisation verwendet werden, in diesem Fall nicht geeignet, da sie sehr niedrige Siedetemperaturen haben. Nach diesen Kriterien wurde Xylol mit einem Siedepunkt von 138,5°C als Lösemittel für die Polymerisation ausgewählt. Die Eigenschaften einiger Lösemittel sind in Tab. 4.3 zusammengefasst.

Tab. 4.3: Chemische und physikalische Eigenschaften der Lösemittel

Lösemittel	**Abkürzung**	**Chemische Formel**	**Molmasse [g/mol]**	**Dichte [g/cm³]**	**Siedepunkt [°C]**
Methanol	MeOH	CH_4O	32,04	0,79	65
Aceton	-	C_3H_6O	58,08	0,79	56
Tetrahydrofuran	THF	C_4H_8O	72,11	0,89	66
Xylol	-	C_8H_{10}	106,16	0,81 (bei 80°C)	138,5

4.3 Hinweise zur Probenentnahme

Für die Ermittlung des Einflusses der Vermischung auf die Polymerisation ist eine Probenentnahme bei jedem Versuch notwendig. Die Verfahren zur Probeentnahme bei Batch und kontinuierlichen Versuchen sind unterschiedlich. Es ist bereits bekannt, dass im Batch-Verfahren die Wirbelzellen im Spalt überall gleich sind. Die Umsatzänderung hängt nur von der Reaktionszeit ab. Deshalb wurde die Probe immer an derselben Probeentnahmestelle (Nr. 3 in Abb. 4.1) entnommen. 20 ml Probe wurden alle 30 min aus dem Reaktor entnommen. Bei dem kontinuierlichen Prozess wird der Umsatz von der Reaktorhöhe beeinflusst. Nach der Stabilisierung der kontinuierlichen Polymerisation von MMA wurde eine 20 ml Probe an jeder Probeentnahmestelle entnommen. Um eine Störung der Strömung bei der Probeentnahme zu vermeiden, wurden die Proben von oben nach unten in Reihenfolge von der Stelle Nr. 5 bis Stelle Nr. 1 (s. Abb. 4.1) gezogen. Dazu wurde zwischen zwei Proben eine Wartezeit von 10 min eingehalten. Jede Probe wurde immer mit 2 mg 2,2,6,6-Tetramethylpiperidin-1-Oxy (Tempo) als Inhibitor durch Schütteln der Probeflasche vermischt und bei einer Temperatur von -30°C gelagert.

4.4 Bestimmung des Umsatzes und der Viskosität

Zur Analyse der Proben sind insbesondere der Umsatz, die Viskosität und die mittleren Molekulargewichte (M_w und M_n) beziehungsweise die Breite der Molmassenverteilung (M_w/M_n) von Bedeutung. Um die Polymerisationsgeschwindigkeit zu ermitteln, kann die notwendige Umsatzbestimmung mit Hilfe der Vakuumtrockenschrankmethode erfolgen. Die Menge des in der Polymerprobe eingemischten Inhibitors ist so gering, dass sein Einfluss auf den Umsatz des Monomers vernachlässigt ist. Das Messprinzip dieser thermogravimetrischen Methode ist die Abtrennung und Wägung von Polymerproben. Eine kleine Menge der mit Inhibitor gestoppten flüssigen Probe m_{Ges} (ca. 1,5 g) wird zuerst in einer Aluminiumschale ausgewogen. Danach werden die Proben in einen Vakuumtrockenschrank gelegt. Um das verbliebene Monomer m_{rest} und das Lösemittel m_L aus dem flüssigen Probengemisch zu verdampfen, ist es notwendig, die Proben zwei Stunden bei Raumtemperatur unter Vakuum (< 25 mbar) zu trocknen. Anschließend werden die Proben unter Vakuum auf 150°C innerhalb von vier Stunden aufgeheizt, um Monomer- und Lösemittelreste vollständig abzutrennen. Die Proben werden nach der Trocknungs- und Aufheizphase abgekühlt. Zum Schluss wird das in der Schale gebliebene Polymer $m_{Polymer}$ wieder gewogen. Der Umsatz berechnet sich aus dem Gewicht des getrockneten Polymers bezogen auf das Gewicht des Monomers vor der Polymerisation:

$$X = \frac{m_{Polymer}}{m_{M,0}} = \frac{m_{Polymer}}{m_{Ges} - m_L} \tag{4.1}$$

Dabei sind X der Umsatz des Monomers und $m_{M,0}$ das Gewicht des Monomers im Anfangszustand.

Die Bestimmung der Viskosität einer mit Inhibitor gestoppten Probe erfolgt mit Hilfe eines Rheometers, das in der Literatur wiederholt beschrieben wurde. Anleitungen zur Rheologie sowie zur praktischen Anwendung von Rotations- und Oszillations-Rheometern befinden sich im Buch von Mezger (2006). Die aktuelle Methode zur Bestimmung der Viskosität eines viskoelastischen Fluids in einem Taylor-Couette Reaktor wurde in Kooperation mit der REOROM Group entwickelt. Informationen über die rheologische Charakterisierung der Polymerproben finden sich in (Kádár, 2010). Für die Viskositätsmessung wurde ein Rheometer des Typs Physica MCR 101 von Anton Paar mit einem Kegel/Platte-Messsystem verwendet. Die Scherviskositätsfunktion wurde in Oszillation bei kleinen Scheramplituden (Small-Amplitude Oscillatory Shear, SAOS) gemessen. In dieser Arbeit wurde daher die Viskosität jeder Probe bei der Reaktionstemperatur und der Scherrate, welche der Rotationsgeschwindigkeit während der Polymerisation im TCR entspricht, ermittelt (Tab. 4.4).

$$\dot{\gamma} = \omega \cdot \frac{R_i}{d} \tag{4.2}$$

Tab. 4.4: Umrechnung der Scherrate für die Viskositätsmessung

Innenzylinder	**Untersuchungsbereich der Rotationsgeschwindigkeit ω [rad/s]**	**Dementsprechende Scherrate im Rheometer $\dot{\gamma}$ [1/s]**
klein $\eta = 0{,}63$	7,4 ~ 66	12,6 ~ 112
mittel $\eta = 0{,}76$	7,4 ~ 66	23 ~ 206,7
groß $\eta = 0{,}89$	7,4 ~ 66	57,5 ~ 513

Die Probe befindet sich im Scherspalt zwischen einem flachen Kegel und einer koaxialen Platte. Der Scherspalt beträgt 1,5 mm. Durch die Wahl des Kegelwinkels wird eine gleichmäßige Verteilung der Scherrate im Messspalt erzeugt. Hierbei wird ein Messkegel vom Typ CP 60-2/Q1 mit einem Durchmesser 60 mm und einem Winkel von 2° für die Messung verwendet. Die Steuerung erfolgt über die Drehzahl oder das Drehmoment. Gemessen werden entsprechend Drehzahl beziehungsweise Drehmoment. Durch Kraftaufnehmer an der Antriebswelle beziehungsweise an der Kegelunterseite können Normalspannungen abgeleitet werden. Die aktuelle Scherviskosität wurde allerdings mit der im Messgerät installierten Auswertungssoftware aus den gemessenen Parametern bestimmt. Die Proben zeigen meistens eine gelförmige Viskositätseigenschaft (Annäherung des Gelierpunkts). Während der Polymerisation mit kleiner Menge Lösemittel bei einem hohen Umsatz sind manche Proben schwach elastische Polymerlösungen.

In Abb. 4.3 ist der Viskositätsverlauf einer Polymerprobe als Funktion der Scherrate im doppelt-logarithmischen Maßstab dargestellt. Die Kurve wird auf drei Bereiche aufgeteilt (Mezger, 2006). Bei niedriger Scherbelastung ist die Viskosität für die Mehrzahl aller Polymere konstant. Beim niedrigen Scheren entschlaufen sich die meisten Polymermoleküle teilweise. Dabei knäult sich ein großer Teil der orientierten Makromoleküle wegen der viskoelastischen Eigenschaft später aber zurück und verschlauft sich nun wieder. Für diese Entschlaufung und Wiederverschlaufung mit dementsprechender Viskositätsab- und -zunahme aller Moleküle wurde im betrachten Zeitraum, bezogen auf das gesamte Volumenelement, keine deutliche Änderung des Fließwiderstands bemerkt. Deshalb wird die Viskosität an dieser Stelle als Null-Scherviskosität μ_0 bezeichnet.

Wenn die Scherrate zunimmt, überwiegt die Anzahl der Entschlaufungen über den Rückverschlaufungen. Die Polymerprobe hat nun scherverdünnendes Verhalten. Deshalb nimmt die Viskosität im zweiten Bereich mit ansteigender Scherrate ab ($\mu = f(\dot{\gamma})$). Bei sehr hoher Scherbelastung werden alle Polymermoleküle vollständig in Fließrichtung orientiert und vollständig entschlauft. Der Fließwiderstand ist daher minimal und somit kann die Viskosität nicht weiter absinken. Im dritten Bereich wird die Viskosität als Endviskosität bezeichnet, die unabhängig von der Scherrate ist.

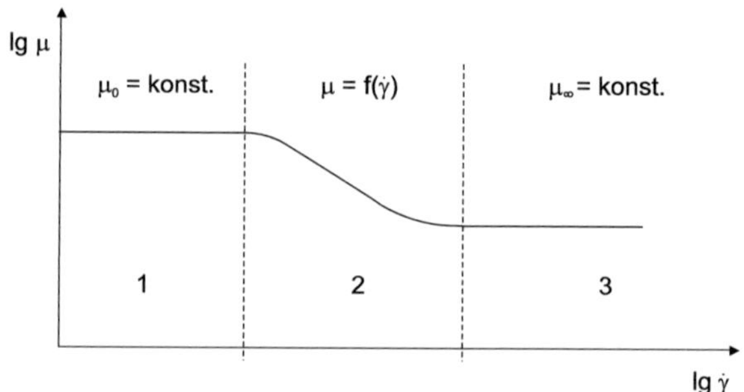

Abb. 4.3: Viskositätsverlauf einer Polymerprobe (Mezger, 2006):

1. *Newtonscher Bereich mit dem Plateauwert der Null-Scherviskosität* μ_0;
2. *Scherverdünnungs-Bereich mit der Scherratenabhängigen Viskositätsfunktion* $\mu = f(\dot{\gamma})$;
3. *Newtonscher Bereich mit dem Plateauwert der Unendlich-Viskosität* μ_∞

Für die kontinuierliche Polymerisation von MMA wurden drei unterschiedliche Innenzylinder verwendet. Dabei hat sich in Tab. 4.4 gezeigt, dass die

Scherraten verschiedener Innenzylinder bei einer gleichen Rotationsgeschwindigkeit unterschiedlich sind. Die Viskosität spielt eine wichtige Rolle für die Modellierung des Umsatzverlaufs beim kontinuierlichen Prozess. Deshalb wurde ein Viskositätsmodell in dieser Arbeit entwickelt (s. Kap. 6.2.2). Um die Modellparameter festzulegen, wurden in dieser Arbeit die Viskositäten aller Versuchsproben experimentell bestimmt.

Da die Scherrate einen Einfluss auf die Viskosität hat, ist es notwendig diese bei der Modellierung zu berücksichtigen. Abb. 4.4 stellt die experimentell ermittelten Viskositäten bei verschiedenen Scherraten bzw. Innenzylindergrößen dar. Es ist deutlich zu erkennen, dass die Viskosität durch niedrige Scherraten nicht beeinflusst wird ($\dot{\gamma} < 70\ s^{-1}$). Auch bei hoher Scherbelastung ($\dot{\gamma} > 300\ s^{-1}$), also im Einsatzbereich des großen Innenzylinders, ist die Viskosität unabhängig von der Scherrate (s. Kap. 6 Abb. 6.3). Die Ergebnisse bzw. Viskositäten, der Untersuchungen mit dem mittleren Zylinder zeigen hingegen einen starken Einfluss der Scherrate (s. Abb. 10.7 im Anhang). Im dabei untersuchten Scherratenbereich zwischen 70 s^{-1} und 300 s^{-1} sinkt die Viskosität mit steigender Scherrate. Die mit dem mittleren Zylinder durchgeführten Versuche befinden sich demnach im Scherverdünnungs-Bereich.

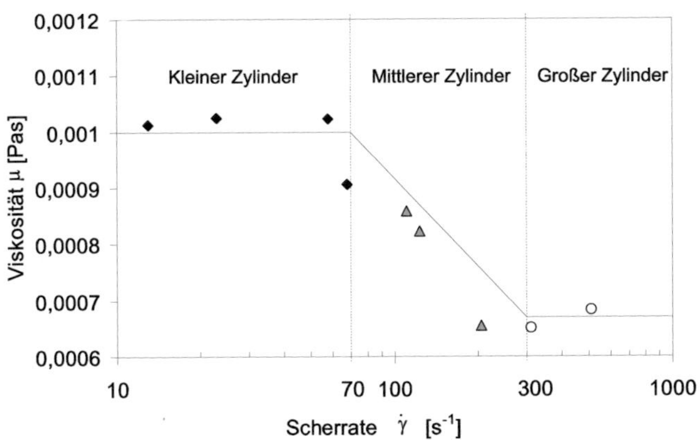

Abb. 4.4: Viskositätsverlauf der kontinuierlichen Polymerisation mit zunehmender Scherrate bei drei verschiedenen Innenzylindern

Zur Modellierung des Viskositätsverlaufs im TCR wurde angenommen, dass im Modell die Anpassungsparameter für den kleinen und großen Innenzylinder nicht von der Scherrate abhängen (s. Abb.10.6 und Abb. 6.3). Beim mittleren

Innenzylinder wurden die Anpassungsparameter als eine Funktion der Scherrate gewählt (s. Abb. 10.7).

4.5 Molmassenverteilung (GPC-Analyse)

Zur Bestimmung der Molmassenverteilung beziehungsweise des mittleren Molekulargewichts (M_w oder M_n) steht die Gel-Permeations-Chromatographie (GPC) als die Standardmethode zur Verfügung, die in der Literatur auch Größenausschluss-Chromatographie (Size Exclusion Chromatography, SEC) genannt wird. Die Gel-Permeations-Chromatographie hat sich seit 60 Jahren stark entwickelt und ist zur Zeit eine der wichtigsten und am häufigsten verwendeten Messmethoden in der Polymertechnik. Daher wird eine kurze Beschreibung dieses Messprinzips gegeben (Lechner et al., 2003).

Bei der GPC werden die zu trennenden Makromoleküle unterschiedlicher Molmasse in einer verdünnten Lösung vorlegt und durch eine Säule mit einer Füllung aus makroporösen Gelen gepumpt, wobei vernetztes Polystyrol, Dextran, Polyacrylamid usw. als Füllung verwendet werden können. Die meisten dieser makroporösen Gele basieren auf dem verwendeten Lösemittel. Bei niedrigen Durchflussgeschwindigkeiten findet ein chromatographischer Trennvorgang statt. Das innere Volumen des Gels beträgt V_i, wobei das äußere Volumen zwischen den Gelpartikeln V_o ist. Die Trenngrenzen liegen zwischen der oberen und der unteren Ausschlussgrenze des Gels. Die Moleküle, die nicht in die Poren des Netzwerks eindringen können, durchströmen die Säule unbehindert. In diesem Fall entspricht das Elutionsvolumen V_e dem äußeren Volumen.

$$V_e = V_o \tag{4.3}$$

Andererseits werden die Moleküle, die kleiner als die kleinsten Poren sind, im äußeren und inneren Volumen vorliegen. Sie verlassen die Säule mit einem Elutionsvolumen.

$$V_e = V_o + V_i \tag{4.4}$$

Das interessierende Molekulargewicht beeinflusst das Elutionsvolumen. Durch die Kalibrierung mit annähernd monodispersen Standardproben ist ein Chromatogramm in eine Molmassenverteilung zu überführen. Die Kalibrierung gilt nur für ein bestimmtes Polymer, weil unterschiedliche Polymere mit gleichem Molekulargewicht unter gleichen Bedingungen unterschiedliche Dimensionen aufweisen können. Deshalb werden unterschiedliche Elutionsvolumina erhalten. Die Bestimmung der Kalibrierungsgerade wird mit bekannten Molmassen und Elutionsvolumina nach folgender empirischer Gleichung experimentell durchgeführt.

$$log\,M = A - B \cdot V_e \tag{4.5}$$

Um die Anteile mit dem Molekulargewicht M zu bestimmen, muss die Konzentration der Makromoleküle im Eluat bestimmt werden. Dies kann im Durchfluss anhand des Brechungsindexunterschiedes von Lösemittel und Gelöstem mit Hilfe eines Differentialrefraktometers oder anhand der unterschiedlichen Absorption mittels eines UV-Spektrometers erfolgen. Damit wird eine Molmassenverteilung $W(M)$ konstruiert. Die Molmassenverteilung $W(M)$ folgt durch Integration einer differentieller Molmassenverteilung $w(M)$.

$$W(M) = \int_0^M w(M)\,dM \tag{4.6}$$

mit

$$\int_0^\infty w(M)\,dM = 1 \tag{4.7}$$

Das mittlere Molekulargewicht (M_w oder M_n) kann aus der Molmassenverteilung $W(M)$ berechnet werden.

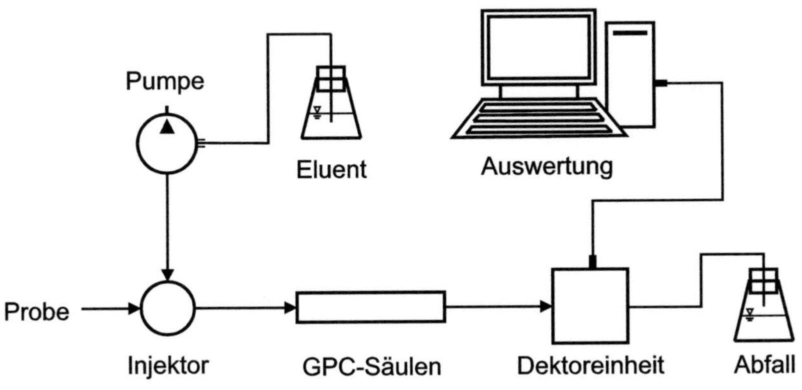

Abb. 4.5: Prinzipieller Aufbau einer GPC-Anlage

Ein GPC-Messgerät besteht aus Pumpe, Injektionssystem, Trennsäule und verschiedenen Detektoren, an denen normalerweise ein Rechner für die Auswertung angeschlossen ist (s. Abb. 4.5). Die Hochdruckpumpe sorgt durch Absaugen des Eluats für einen konstanten Fluss durch das gesamte System. Dabei wird das Eluat durch einen Entgaser gesaugt, der gelöste Gase entfernen soll. Nach der Pumpe folgt das Injektionssystem, durch das die Probe automatisch über den Autosampler ins Laufsystem gelangt. Eine Trennsäule von Agilent (79911GP-MXB: PLGel 10µm MIXED B) wurde verwendet. In der Trennsäule erwartet man die Auftrennung der Probe nach dem hydrodynamischen Radius der Moleküle. Um die Probe zu reinigen, ist die Trennsäule noch eine kurze Vorsäule vorgeschaltet, um einer vorzeitigen Alterung der Trennsäule entgegenzuwirken. Nach der Trennsäule werden die verschiedenen Detektoren durchlaufen. Die konzentrationsabhängigen Detektoren (z. B. RI, UV und IR) sind direkt proportional zur Konzentration, wobei die molekulargewichtsabhängigen Detektoren (z. B. Viskosimetrie, LS) abhängig vom Molekulargewicht sind.

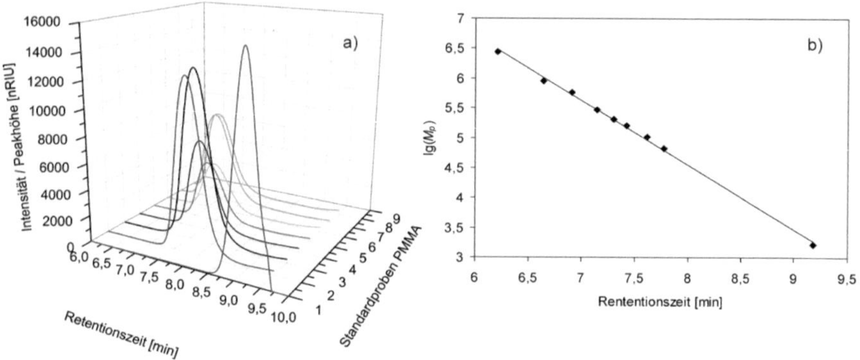

Abb. 4.6: a) GPC-Messung der Standardproben von PMMA in THF und b) die Kalibrierungsgrade (M_p = 1660 g/mol, 67000 g/mol, 102500 g/mol, 160000 g/mol, 207000 g/mol, 296000 g/mol, 579000 g/mol, 898000 g/mol und 2740000 g/mol; M_w/M_n < 1,05)

Um die unbekannte Molmassenverteilung eines Polymeren über GPC zu ermitteln wird zuerst eine Kalibrierungsgerade mit Hilfe eines eng verteilten Polymers (M_w/M_n < 1,05) hergestellt. Abb. 4.6a zeigt Molmassenverteilungen von neun Standardproben des PMMAs. Bei kleiner Retentionszeit erhält man das Polymer mit der großen Molmasse, eine große Retentionszeit entspricht einer kleinen Molmasse. Die zu trennenden Makromoleküle werden in einer verdünnten Lösung von THF durch die Trennsäule gepumpt. Die Standardproben wurden mit dem RI-Dektor (Brechungsindexdetektor) analysiert. Die Retentionszeiten, die sich aus den Maxima der Peaks ergeben, werden zur Aufstellung der Kalibrierungsgerade (s. Abb. 4.6b) benutzt. Die Kalibrierungsgerade wird als $lg(M_p) = f\,(t_{Retentionszeit})$ dargestellt. Zur Bestimmung der Breite der Molmassenverteilung (M_w/M_n) sowie der Molmassenmittelwerte (M_w und M_n) der Proben ist eine Umrechnung der Signalhöhen und -flächen in Massenanteile notwendig.

5 Polymerisationskinetik im Taylor-Couette Reaktor

Zur Ermittlung des Einflusses der Vermischung auf die freie radikalische Polymerisation im Taylor-Couette Reaktor ist es wichtig zunächst eine genaue Kenntnis über die Reaktionskinetik, Polymereigenschaften und Strömungseigenschaften im Reaktor während der Polymerisation zu haben. Aus diesem Grund wurde die Polymerisation von Methylmethacrylat (MMA) im Batch-Verfahren untersucht. Dabei wurde ein unerwarteter Einfluss der fluiddynamischen Prozessparameter, z. B. der Rotationsgeschwindigkeit des Innenzylinders oder der Scherrate im Spalt und der Spaltbereite zwischen beiden Zylindern, auf den Polymerumsatz, das mittlere Molekulargewicht und die Viskosität des Polymers beobachtet.

5.1 Hydrodynamische Aktivierung

Die Bezeichnung „hydrodynamische Aktivierung" beschreibt das Phänomen, dass die Reaktionskinetik von fluiddynamischen Prozessparametern beeinflusst wird. Wie sich in der hydrodynamischen Aktivierung zeigt, hängt die Reaktionskinetik von der Drehgeschwindigkeit des Innenzylinders beziehungsweise der Scherrate im Spalt ab. Dabei weist der Umsatz des Monomers einen bedeutenden Unterschied zwischen dem ruhenden und dem rotierenden Innenzylinder auf.

Für die ideale Reaktionskinetik hat die Reaktionskonstante (Gl. 5.1) einen bestimmten Wert. Sie hängt nicht von fluiddynamischen Prozessparametern, sondern nur der Reaktionstemperatur und der Aktivierungsenergie gemäß der Arrhenius-Gleichung ab.

$$K = k_0 \cdot exp\left(-\frac{E_a}{R \cdot T}\right) \tag{5.1}$$

Hierbei ist K die Geschwindigkeitskonstante der Reaktion.

In dieser Arbeit hat K keinen konstanten Wert bei einer bestimmten Temperatur, sondern ist eine Funktion der Scherrate des Innenzylinders. Deshalb wird hier die „Geschwindigkeitskonstante" nur kinetischer Parameter K bezeichnet.

k_0 ist der Koeffizient der Reaktionskonstanten, E_a die Aktivierungsenergie, R die universelle Gaskonstante und T die Temperatur.

In diesem Kapitel wurde die reale Polymerisationskinetik ohne Berücksichtigung des Gel- Effektes im TCR betrachtet. Da sich im Reaktor kein homogener Zustand ausbildet, ist die Anwendung der idealen Kinetik nicht zulässig. Deshalb könnten alle bisher in der Literatur experimentell ermittelten Messdaten in ihrem Wertebereich unter denen der idealen Kinetik liegen. Nur wenn sich im TCR beispielsweise der Innenzylinder mit unendlicher Geschwindigkeit drehen würde ($\omega = \infty$), damit die Reaktanden innerhalb des TCRs überall vollständig homogenisiert (ideal perfekte Vermischung) würden, und kein oder möglichst wenig Lösemittel in der Polymerisationsreaktion verwendet würde, um Nebenreaktionen (z. B. Kettenübertragungsreaktion) zu minimieren, könnten die Konstanten die Werte für die ideale Kinetik erreichen. Somit spielt die Vermischung eine wesentliche Rolle für die kinetischen Versuche. Dabei wird für die hydrodynamische Aktivierung angenommen, dass die Geschwindigkeitskonstante K eine Funktion der Scherrate im Spalt bei einem bestimmten Massenanteil des Lösemittels ist. Bevor in den folgenden Kapiteln 5.3 bis 5.6 dieser Problemstellung experimentell und theoretisch nachgegangen wird, wird im folgenden Kapitel der relevante Stand des Wissens zur Polymerisationskinetik dargestellt.

5.2 Stand des Wissens zur Polymerisationskinetik von MMA und deren Beeinflussung durch fluiddynamische Prozessparameter

Während der Polymerisationsreaktion steigt die Viskosität der reagierenden Flüssigkeitsmischung mit zunehmendem Umsatz und mittlerem Molekulargewicht des Polymers an. Dabei können Gel-, Glas- bzw. Cage-Effekte auftreten. Aus diesem Grund gibt es in der Literatur für die Polymerisation von MMA zahlreiche Veröffentlichungen zur Modellierung und Untersuchung der Reaktionskinetik in einem Rührkessel oder einem kontinuierlichen Prozess. Beispielsweise wurde von Chiu, Carratt und Soong (1982) ein auf physikalischen Bedingungen basierendes kinetisches Diffusionsmodell zur Beschreibung der freien radikalischen Polymerisation von MMA bei starkem Gel-Effekt entwickelt. In diesem Modell wird der Diffusionskoeffizient als Funktion der Temperatur, Umsatz und Molekulargewicht dargestellt. Das Modell basiert auf der Freie-Volumen-Theorie und beinhaltet keine Abhängigkeit der Viskosität. Weickert und Tefera (1992) haben ein empirisches Modell ohne Berücksichtigung der Viskosität für den Gel-Effekt weiter entwickelt, das neben der Abnahme der Abbruchskonstanten auch die Abnahme des Radikalausbeutefaktors F mit dem Umsatz beinhaltet. Ein weiteres mathematisches Modell für die Polymerisation im Batch-Reaktor wurde von Ahn, Chang und Rhee aufgebaut (Ahn et al., 1997). In diesem Modell werden die Kettenübertragungen zum Monomer und zum Lösemittel betrachtet, wobei die experimentellen Daten mit den simulierten Ergebnissen im Gel-Effekt-Bereich gut übereinstimmten. Weiterhin wurde von Curteanu und Bulacovschi (2004) ein empirisches Modell für die Viskositätsänderung in einem Batch-Bulk-Prozess eingesetzt. Mit Hilfe der Verwendung der Viskositätskorrelation von Lyons und Tobolsky (1970) konnte dieses Modell die Versuchsdaten gut wiedergeben.

Im Vergleich zur Modellierung wurde die Polymerisationskinetik ausgiebig untersucht. Um die kinetischen Daten von MMA, insbesondere im Gel-Effekt-Bereich zu bestimmen, haben O´Neil, Wisnudel und Torkelson (O´Neil et al., 1996 und 1998) kleine Glasflaschen in ein Schüttelwasserbad gelegt. Zur Bestimmung der Kinetik wurden die Glasflaschen nach unterschiedlichen Reaktionszeiten aus dem Schüttelwasserbad entnommen und analysiert. Der Nachteil dieser Versuchsmethode liegt darin, dass die Vermischung in der Glasflasche und die Wärmeübertragung von der Glasflasche an das Wasserbad vernachlässigt werden. Bei der Hochdruck-Polymerisation für die kontinuierliche Reaktionsführung wurden die kinetischen Daten von der Forschungsgruppe Buback (Buback et al., 1995; Beuermann und Buback, 1997) durchgeführt. Außerdem haben Beuermann et al. (1994) die kinetischen Eigenschaften von MMA speziell untersucht. Dazu wurde die Wachstumsgeschwindigkeit k_p in der Lösungspolymerisation von MMA ermittelt. Darüber hinaus besteht ein Zusammenhang zwischen dem Polymerisationsgrad und der Wachstumsrate.

Weiterhin wurde herausgefunden, dass die Abbruchsgeschwindigkeit k_t von vielen Reaktionsbedingungen abhängt (Bubcak et al., 2002; Barner-Kowollik et al., 2005). Zum Beispiel steigt sie bei der Polymerisation von MMA in Toluol mit zunehmender Konzentration des Lösemittels an (Beuermann et al., 1995 und 1997). Mit der PLP (Pulsed-Laser initiated Polymerization) – SEC (Size-Exclusion Chromatography) – Methode können die kinetischen Daten der Acrylate in Masse- und Lösungspolymerisation in CO_2 bestimmt werden (Beuermann et al. 2002). Im Allgemeinen wurde die Kinetik der Acrylate lediglich bei den verschiedenen Polymerisationsarten mit und ohne Lösemittel im kontinuierlichen Prozess oder im Batch-Betrieb von Beuermann et al. (2004a und 2004b) intensiv untersucht. Obwohl eine große Auswahl an Messmethoden zur Ermittlung der Kinetik von Acrylaten entwickelt wurde, ergibt sich bislang keine Aussage über den Zusammenhang zwischen den fluiddynamischen Prozessparametern und der Reaktionskinetik. Alle in der Literatur vorhandenen kinetischen Daten wurden im idealen Reaktor gemessen und damit unabhängig von den fluiddynamischen Prozessparametern, wie beispielsweise von der Drehgeschwindigkeit des Rührorgans im Rührkessel.

Sangwai et al. (2006) haben die Massepolymerisation von MMA in einem Couette-Rheometer unter nicht-isothermen Bedingungen untersucht. In ihrer Arbeit hat sich gezeigt, dass die Viskosität und die Reaktionstemperatur Funktionen der Reaktionszeit sind, woraus im Folgenden eine Korrelation zwischen Viskosität und Umsatz beziehungsweise Molekulargewicht entwickelt wurde. Diverse Autoren (Pauer et al., 2006; Rüttgers et al., 2007; Kunowa et al., 2007) haben versucht, das Mischungsverhalten bei der Emulsionspolymerisation von N-Buthylmethacrylat und Styrol in einem Taylor-Couette Reaktor zu bestimmen. Dabei wurde der Einfluss der Verweilzeit auf die Polymerisationsqualität, die Wachstumsgeschwindigkeit k_p, und auf den Wärmeübertragungskoeffizient im TCR ermittelt. In anderen Forschungsarbeiten haben beispielsweise Fontoura et al. (2002) eine neue Methode zur Steuerung eines Lösungspolymerisationssystems mittels der NIR-Spektroskopie entwickelt, welche es erlaubt, das erwünschte Polymer mit einem bestimmten Umsatz beziehungsweise mittleren Molekulargewicht zu produzieren. In der Literatur findet sich jedoch keine Beschreibung des Einflusses der fluiddynamischen Prozessparameter auf die Produktparameter oder das Strömungsverhalten wenn die Viskosität während der Polymerisation zunimmt. Es wurde noch nicht untersucht, inwieweit die Polymereigenschaften von den fluiddynamischen Prozessparametern abhängig sind.

Jedoch wurde schon nachgewiesen, dass die Scherrate die freie radikalische Polymerisation beeinflusst (Merrill et al., 1962; Bueche, 1960; Johnson und Price, 1960; Kumar et al., 1980). Dabei wurden zwei mögliche Gründe für die Polymerisationskinetik in Abhängigkeit von der Scherrate diskutiert:

1) Während der Scherung werden mehrere freie Radikale durch Brechen neutraler Moleküle erzeugt. Dabei beschleunigt sich die Reaktionsgeschwindigkeit (Merrill et al., 1962; Bueche, 1960; Johnson und Price, 1960).

2) Die Scherratenabhängigkeit der Polymerisationsgeschwindigkeit weist auf die wichtige Rolle der Diffusion innerhalb des Gesamtmechanismus hin. Kumar et al. (1980) haben gegen diesen Mechanismus und diesen Zustand argumentiert. Dabei steigt der Radikalausbeutefaktor F mit zunehmender Scherrate an.

Im Gegensatz dazu wurde in dieser Arbeit die hydrodynamische Aktivierung durch Ausdehnung und Entschlaufung der Polymerketten im Strömungsfeld erklärt. Deshalb sind Monomere und lebende Polymerketten beweglicher, um sich schneller und einfacher miteinander in der polymerisierenden Flüssigkeitsmischung treffen zu können. Diese Hypothese ist bislang noch nicht bewiesen worden.

5.3 Versuchsdurchführung

Zur Ermittlung der hydrodynamischen Aktivierung wurde die Batch Polymerisation von MMA bei 80°C unter verschiedenen Reaktionsbedingungen und Reaktorparametern untersucht. Beim großen Innenzylinder (Durchmesser von 88,6 mm) wurden verschiedene Drehgeschwindigkeiten im Bereich von 7,4 bis 66 rad/s (Die entsprechenden Scherraten im Spalt befinden sich in Tab. 4.4.) bei einer Konzentration des Initiators (AIBN) von 0,02 Gew.-% eingestellt. Um den Gel-Effekt und eine hohe Viskosität zu vermeiden, standen bei der Untersuchung drei unterschiedliche Lösemittelkonzentrationen (Xylol) von 60, 70 und 80 Gew.-% zur Verfügung. Für den kleinen und mittleren Innenzylinder (Durchmesser von 63 und 75,8 mm) wurden vier Drehgeschwindigkeiten (7,4; 40; 52 und 66 rad/s) mit einer Konzentration des Initiators von 0,2 Gew.-% und einer Lösemittelkonzentrationen von 80 Gew.-% untersucht.

In diesem Kapitel wird zuerst der Zusammenhang zwischen der Scherrate im Spalt zwischen zwei konzentrischen Zylindern und der Viskosität beziehungsweise der Molmassenverteilung des Polymers bestimmt. Um den Einfluss der fluiddynamischen Prozessparameter auf den Umsatzverlauf charakterisieren zu können, werden die Korrelationen zwischen der Geschwindigkeitskonstante K und der Scherrate $\dot{\gamma}$ beziehungsweise dem Volumenanteil von Xylol, das in Kap. 6 für die Modellierung der Vermischung während der Polymerisation im TCR benötigt wird, aufgestellt. Dabei kann diese Korrelation zukünftig bei der Ermittlung des Einflusses der Vermischung auf die Polymerisation im TCR verwendet werden.

5.4 Eigenschaften der Taylor-Couette Strömung in der Batch-Polymerisation

Wenn die Drehgeschwindigkeit und die Geometrie des Reaktors konstant sind, hängt die Rotations-Reynoldszahl nur von der Scherviskosität der reagierenden Flüssigkeitsmischung ab. Während des Batch-Versuchs steigt die Viskosität mit zunehmender Reaktionszeit an. Deshalb ist die Scherviskosität ein wichtiger Faktor, der das Strömungsprofil im Reaktor stark beeinflussen kann.

Das Strömungsbild wurde bei zunehmender Konzentration des Polymers während der Polymerisation und Variation der kritischen Parameter für den TCR von Kádár (2010) ermittelt. Die Strömung wurde durch Visualisierung und

Fourier-Spektralanalyse ausgewertet. Es ist bereits bekannt, dass die Rotations-Reynoldszahl mit zunehmender Viskosität ab- und mit ansteigender Rotationsgeschwindigkeit des Innenzylinders zunimmt. Deswegen konnte das auf den Hauptströmungsregimes der Taylor-Couette Strömung (Andereck et al., 1986; Lueptow et al., 1992) für das newtonsche Fluid basierende Strömungsbild angesetzt werden. Die Strömungsregimes für die Batch-Polymerisation von MMA und die dementsprechenden Zuordnungskriterien sind in Tab. 5.1 dargestellt.

Tab. 5.1: Hauptströmungsregimes in der Taylor-Couette Strömung für die Batch-Polymerisation von MMA (Kádár, 2010)

Kritische Rotations-Reynoldszahl	Strömungsregime
< 126	Laminar Couette Flow (LCF)
126	Taylor Vortex Flow (TVF)
136	Wavy Vortex Flow (WVF)
> 5036	Turbulent Taylor Regime (TTV)

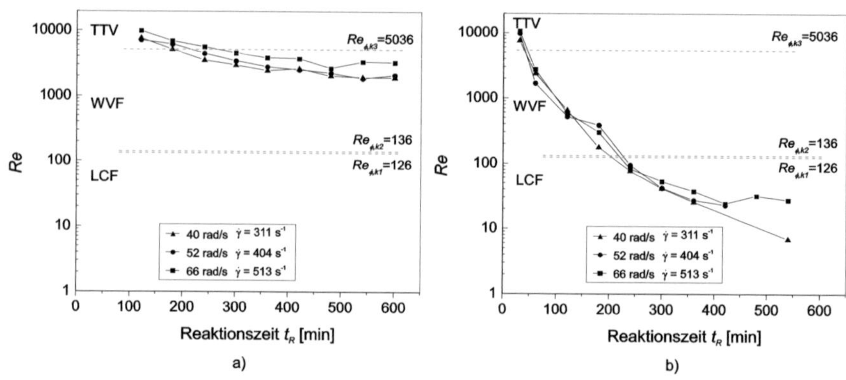

Abb. 5.1: Experimentell ermittelter Verlauf der Rotations-Reynoldszahl bei verschiedenen Rotationsgeschwindigkeiten des großen Innenzylinders mit einer AIBN-Konzentration von 0,02 Gew.-% und zwei Lösemittelkonzentrationen von Xylol: a) 80 Gew.-% und b) 60 Gew.-%

In Abb. 5.1 wurde die Änderung der Taylor-Couette Strömung während der Polymerisation von MMA bei verschiedenen Drehgeschwindigkeiten des großen Innenzylinders mit 60 und 80 Gew.-% Xylol charakterisiert. Die AIBN-Konzentration lag bei 0,02 Gew.-%. Wegen der nahezu newtonschen Vermischung von MMA und Xylol am Anfang der Polymerisation wurde angenommen, dass die Strömung im TC-Reaktor bei allen Reaktionsbedingungen vom turbulenten Regime (TTV) startet und das Strömungsprofil mit abnehmender Rotations-Reynoldszahl ins Wellenregime (WVF) oder in den laminaren Bereich (LCF) wechselt.

In Abb. 5.1 sind die verschiedenen Strömungsprofile bei unterschiedlichen Lösemittelkonzentrationen dargestellt. Bei einem Xylolanteil von 80 Gew.-% läuft die Strömung am Ende der Polymerisation ins Wellenregime (Abb. 5.1a), während die Rotations-Reynoldszahl bei einem Xylolgehalt von 60 Gew.-% nach der Reaktion unter der kritischen Rotations-Reynoldszahl ($Re < Re_{\phi,k1}$) liegt (Abb. 5.1b), so dass die Strömung vom turbulenten in den laminaren Bereich (LCF) übergeht. Bei einem Xylolanteil von 70 Gew.-% (s. Abb. 10.1 im Anhang) liegt die abschließende Strömung im Bereich des Taylor Vortex Flow ($126 < Re_{\phi} < 136$). Im Großen und Ganzen steigt die Geschwindigkeit mit ständiger Abnahme der Rotations-Reynoldszahl mit absinkender Lösemittelmenge an. Im Hinblick auf alle getesteten Drehgeschwindigkeiten des Innenzylinders trat bei der Polymerisation mit 80 Gew.-% Xylol die Strömungstransition vom turbulenten Bereich in das Wellenregime nach ca. 200 min auf. Im Vergleich zu den höheren Xylolkonzentrationen erfolgt dieser Strömungsprofilwechsel bei Einsatz von 60 Gew.-% Xylol bereits nach weniger als 100 Minuten. Dabei durchläuft die Transitionsströmung zwischen 50 und 240 Minuten den Wellenströmungsbereich, bevor sie das stabile laminare Strömungsregime erreicht.

Zusätzlich wird das Strömungsregime durch die Drehgeschwindigkeit des Innenzylinders stark beeinflusst. Wie bereits in Abb. 5.1a gezeigt, nimmt die Rotations-Reynoldszahl mit ansteigender Rotationsgeschwindigkeit des Innenzylinders deutlich zu. Gegenüber der Strömungstransition bei geringerem Lösemittelgehalt ergibt sich bei den verschiedenen Rotationsgeschwindigkeiten des Innenzylinders mit einem Xylolanteil von 80 Gew.-% ein breiterer Übergangsbereich (200 min $< t <$ 350 min). Bei der höchsten Rotationsgeschwindigkeit des Innenzylinders von 66 rad/s ist die Übergangszeit am längsten. Deshalb spielt die Lösemittelkonzentration eine wichtige Rolle in der hydrodynamischen Aktivierung der Batch-Polymerisation. Die hohe Lösemittelmenge reduziert die Polymerisationsrate (Odian, 2004), da der Abstand zwischen Monomer und freien Radikalen vergrößert wird und sich folglich die Wahrscheinlichkeit der fortlaufenden Addition von Monomeren an das Polymerradikal verringert. Im Gegensatz dazu ist die Abbruchsreaktion in der verdünnten Polymerlösung einfacher als die in der zähviskosen Lösung. Daraus resultierend steigt die Rotations-Reynoldszahl bei 60 Gew.-% Xylol schneller als bei 80 Gew.-%. Xylol. Andererseits wird die reagierende Polymerlösung vom Lösemittel verdünnt, so dass am Ende der Polymerisation die Scherviskosität bei einem Lösemittelgehalt von 60 Gew.-% höher ist als bei 80 Gew.-%. Dies ist der Grund, da das Strömungsprofil bei einem Lösemittelanteil von 60 Gew.-% den laminaren Bereich erreichen kann. Die Ermittlung des Strömungsregimes besitzt einen hohen Stellenwert für die Vermischung bei der Polymerisationsreaktion im TCR.

5.5 Molmassenverteilung und Viskosität

Ein Vergleich des mittleren Molekulargewichts bei verschiedenen Scherraten für den großen Innenzylinder mit einer AIBN-Konzentration von 0,02 Gew.-% und einem Xylolanteil von 60, 70 und 80 Gew.-% ist in Abb. 5.2 dargestellt. Die AIBN-Konzentration ist für dieses Versuchspaket nicht ausreichend, was sich darin zeigt, dass ein maximaler Umsatz von 65% erreicht wird. Die niedrige Initiatorkonzentration führt zu einem hohen mittleren Molekulargewicht, weil sich in der Polymerlösung nicht genügend freie Radikale bilden, so dass lange Polymerketten entstehen können. Andererseits nimmt das mittlere Molekulargewicht mit ansteigendem Lösemittelanteil deutlich ab. Da sich bei hohem Lösemittelanteil die Wahrscheinlichkeit des Zusammenstoßes von Polymerradikalen bei der Kettenabbruchsreaktion deutlich reduziert, liegt die mittlere Molmasse in einem relativ niedrigen Bereich (Abb. 5.2c).

Weiterhin ist der qualitative Unterschied des mittleren Molekulargewichts bei verschiedenen Scherraten in Abb. 5.2a zu sehen. Bei niedriger Initiatorkonzentration nimmt die mittlere Molmasse M_w mit zunehmender Scherrate deutlich ab. Grund dafür ist, dass bei hohen Scherraten Monomer und freie Radikale im TCR schnell und intensiv vermischt werden, so dass Monomere gleichzeitig beziehungsweise gleichmäßig an mehrere Polymerradikalen addiert werden können, während es bei niedriger Scherrate zur Anlagerung von mehreren Monomeren an ein Polymerradikal kommt. Das heißt, dass bei hoher Scherrate die Länge der neuen Polymerketten verkürzt und die Polymerkettenzahl vergrößert wird. Deshalb verbreitert sich die Molmassenverteilung des Polymers.

Wie aus Abb. 5.2 ersichtlich wird, ist das mittlere Molekulargewicht eine Funktion des Monomerumsatzes. Bei kleinem Lösemittelanteil von 60 Gew.-% steigt das mittlere Molekulargewicht mit zunehmendem Umsatz langsam an. Wegen der mit dem Umsatz zunehmender Viskosität hat das Strömungsprofil vom turbulenten in den laminaren Bereich gewechselt, so dass die Vermischung im TCR immer schwächer wird. Aus diesem Grund nimmt die Geschwindigkeit der Abbruchsreaktion ab und die Polymerketten werden länger. Die Molmassenverteilung des Polymers ist bei konstanter Scherrate enger und das dementsprechende mathematisch ausgewertete mittlere Molekulargewicht wird größer. Dagegen hängt das mittlere Molekulargewicht für den hohen Lösemittelanteil von 80 Gew.-% nicht vom Umsatz ab. Es bleibt bei gleicher Scherrate konstant. Da bei hohem Lösemittelanteil die Rotations-Reynoldszahl vom turbulenten Regime in das Wellenregime übergeht, ist die Auswirkung der Vermischung im Reaktor nicht so stark wie beim niedrigen Lösemittelanteil. Deswegen haben die ansteigende Viskosität und der Umsatz einen kleineren Einfluss auf das mittlere Molekulargewicht.

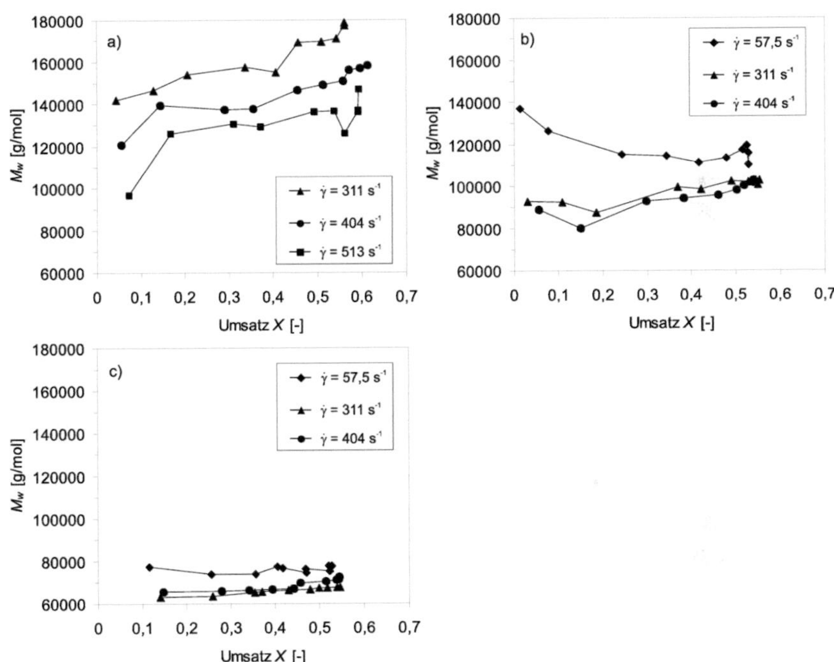

Abb. 5.2: Experimentell ermittelte mittlere Molekulargewichte als Funktion vom Umsatz des Monomers bei verschiedenen Scherraten für den großen Innenzylinder mit einer AIBN-Konzentration von 0,02 Gew.-% und drei verschiedenen Lösemittelkonzentrationen von a) 60 Gew.-%, b) 70 Gew.-% und c) 80 Gew.-%

Um den Einfluss der fluiddynamischen Prozessparameter auf die Polymereigenschaften zu erklären, wurden Versuchsreihen mit einer AIBN-Konzentration von 0,2 Gew.-% und einem Lösemittelanteil von 80 Gew.-% für den mittleren und den kleinen Innenzylinder durchgeführt. Mit der hohen

Initiatorkonzentration von 0,2 Gew.-% konnte in dem Versuch ein vollständiger Umsatz des Monomers (100%) erreicht werden. Unter dieser Voraussetzung sind exemplarisch die Ergebnisse für den Verlauf des mittleren Molekulargewichts bei verschiedenen Scherraten in Abb. 5.3 dargestellt. Bei einem Vergleich des Experiments mit dem mittleren (Abb. 5.3a) und dem kleinen Innenzylindern (Abb. 5.3b) ist zu sehen, dass die mittlere Molmasse beim Versuch mit dem kleinen Innenzylinder kleiner ist als mit dem mittleren Innenzylinder. Die Ursache hierfür ist darin zu suchen, dass der große Durchmesser des Innenzylinders bei konstanter Abmessung des Außenzylinders eine Abnahme der Spaltbreite beziehungsweise eine Zunahme der Scherrate bedeutet. Dies führt bei gleicher Drehmotorleistung ω zu einem besseren Mischvorgang im TCR für den mittleren Innenzylinder. In der Mikrostruktur ist die Wahrscheinlichkeit des Aufeinandertreffens von Monomer und Polymerradikalen in der polymerisierenden Flüssigkeitsmischung beim Versuch mit der hohen Scherrate größer als mit der kleinen Scherrate. Jedoch müssen Monomere mit der besseren Vermischung bei höherer Scherrate gleichmäßiger an die Polymerradikale addiert werden, damit bei gleichem Umsatz mehr ähnliche Polymerkettenlängen als bei niedrigerer Scherrate aufgebaut werden. Deshalb hat die Polymerprobe beim mittleren Innenzylinder relativ lange Polymerketten, eine schmale Molmassenverteilung beziehungsweise ein höheres Molekulargewicht.

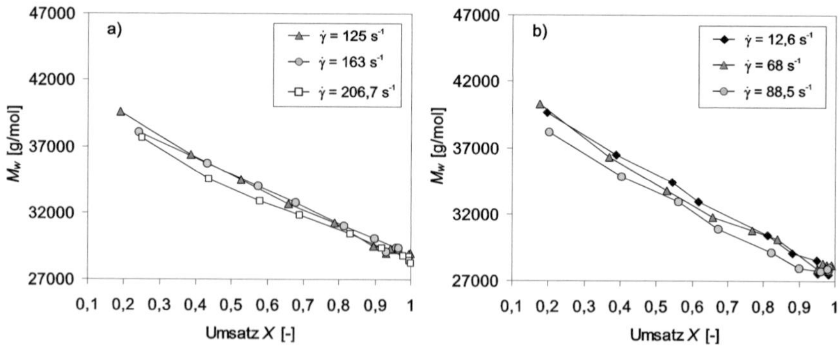

Abb. 5.3: Experimentell ermittelte mittlere Molekulargewichte als Funktion vom Umsatz des Monomers bei verschiedenen Scherraten für den a) mittleren und b) kleinen Innenzylinder mit einer AIBN-Konzentration von 0,2 Gew.-% und einer Lösemittelkonzentration von 80 Gew.-%

Im Gegensatz zum Experiment mit dem großen Innenzylinder und einer niedrigen AIBN-Konzentration von 0,02% (s. in Abb. 5.2) nimmt an dieser

Stelle die mittlere Molmasse mit zunehmendem Umsatz linear ab. Der Initiator ist in diesem Fall im Überschuss vorhanden und zerfällt während des ganzen Ablaufs der Polymerisation. Deshalb entstehen immer kleinere Polymerketten, so dass das mittlere Molekulargewicht nach der mathematischen Auswertung verkleinert wurde.

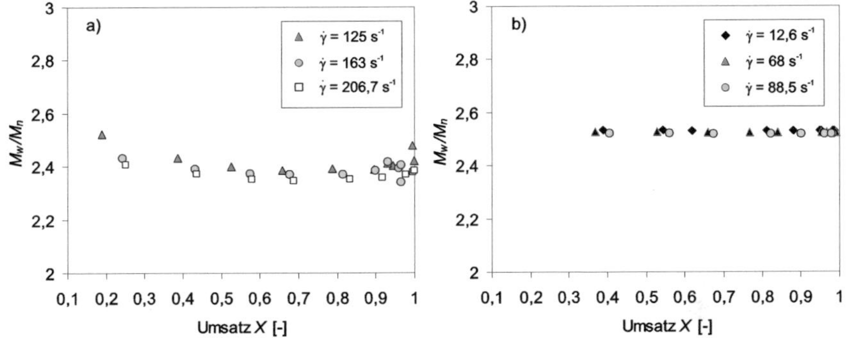

Abb. 5.4: Vergleich der experimentell ermittelten Polydispersitätsindizes bei verschiedenen Scherraten für den a) mittleren und b) kleinen Innenzylinder bei der Batch-Polymerisation von MMA mit einer AIBN-Konzentration von 0,2 Gew.-% und einer Lösemittelkonzentration von 80 Gew.-%

In Abb. 5.4 sind die experimentell ermittelten Polydispersitätsindizes für verschiedene Scherraten dargestellt. Der Polydispersitätsindex ist das Verhältnis der mittleren Molmasse zum mittleren Zahlenmittel (M_w/M_n). Sie beschreibt die Breite der Molmassenverteilung des Polymers. Im Gegensatz zur Zunahme des mittleren Molekulargewichts mit ansteigendem Umsatz ist der Polydispersitätsindex nur schwach vom Umsatzverlauf abhängig. Dabei wurde die Molmassenverteilung während der Polymerisation mit abnehmender Scherrate verbreitert (Abb. 5.4a). Daneben bleibt sie im niedrigen Scherratebereich bei verschiedenen Scherraten fast konstant (Abb. 5.4b). Obwohl die mittlere Molmasse mit zunehmender Scherrate abnimmt, ändert sich die Breite der Molmassenverteilung nicht deutlich. Bei gleicher Breite der Molmassenverteilung und gleichem Umsatz des Monomers verlängerten sich die Polymerketten, aber die Anzahl der Polymerketten hat sich verringert. Bei Versuchen mit dem kleinen Innenzylinder ($\dot{\gamma} < 100\ s^{-1}$) gibt es keinen Unterschied für den Polydispersitätsindex ($M_w/M_n \approx 2{,}5$). Die fluiddynamischen Prozessparameter haben somit nur eine geringe Auswirkung auf die Molmassenverteilung bei kleinen Scherraten. Die logarithmischen Scherviskositäten der Polymerproben bei der Polymerisation mit verschiedenen Scherraten des großen Innenzylinders im TCR sind als lineare Funktionen vom Umsatz in Abb. 5.5 dargestellt. Die Scherviskosität steigt mit zunehmendem Umsatz des Monomers an, da sich die Polymermenge in der Polymerlösung erhöht. Deshalb wird die reagierende Flüssigkeitsmischung durch fortlaufende Bildung neuer großer Makromoleküle zunehmend zäh. Es ergibt sich kein Einfluss der Scherrate auf die Scherviskosität im hohen Scherratebereich. Dieses Ergebnis entspricht dem Verlauf der Viskosität mit zunehmender Scherrate in Abb. 4.3, die Begründung befindet sich in Kap. 4.4. In Abb. 5.2 hat sich gezeigt, dass das mittlere Molekulargewicht des Polymers vom Umsatz abhängig ist. Das heißt, dass die Viskosität der Polymerlösung beziehungsweise Schmelze durch eine Funktion des Molekulargewichts beschrieben werden kann (Jenckel und Ueberreiter, 1938; Wiley, 1941; Foote, 1944). Mit Hilfe empirischer Korrelationen wie beispielsweise von Kuhn-Mark-Houwink-Sakurada (Brahm, 2005) oder von Lyons und Tobolsky (1970), kann man die Scherviskosität berechnen, wenn das Molekulargewicht des Polymers bekannt ist. Die Korrelationen und dementsprechende Erklärungen werden in Kap. 6 bei der Modellierung der Polymerisation im TCR detailliert beschrieben.

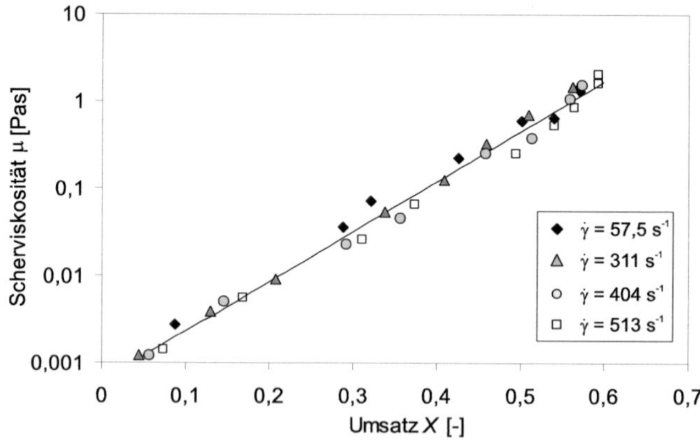

Abb. 5.5: Experimentell ermittelte Scherviskositäten in Abhängigkeit vom Umsatz des Monomers bei verschiedenen Scherraten des großen Innenzylinders mit einer AIBN-Konzentration von 0,02 Gew.-% und einer Lösemittelkonzentration von 60 Gew.-%

5.6 Korrelation zwischen Reaktionskinetik und hydrodynamischen Prozessparametern

Ein kinetisches Modell für die Batch-Polymerisation von MMA in Xylol bei 80°C wurde auf Basis der radikalischen Polymerisationsmechanismen aufgebaut. In dieser Arbeit wurden die Kettenübertragungsreaktionen zum Lösemittel und zum Monomer nicht berücksichtigt. Die Bruttopolymerisationsgeschwindigkeit lautet wie folgt:

$$r_{Br} = \frac{k_p}{\sqrt{k_t}} \cdot \sqrt{2 \cdot F \cdot k_d} \cdot C_M \cdot \sqrt{C_I} \tag{2.18}$$

Die Bruttopolymerisationsgeschwindigkeit kann dann mit der Geschwindigkeit der Monomerabnahme gleichgesetzt werden (Odian, 2004).

$$-\frac{dC_M}{dt} = k_{Br} \cdot C_M \cdot \sqrt{C_I} \tag{5.2}$$

mit

$$k_{Br} = \frac{k_p}{\sqrt{k_t}} \cdot \sqrt{2 \cdot F \cdot k_d} \tag{5.3}$$

Hier ist k_{Br} die Reaktionskonstante der Bruttopolymerisationsgeschwindigkeit, k_d die Zerfallskonstante des Initiators, F der Radikalausbeutefaktor, k_p die Kettenwachstumskonstante und k_t die Kettenabbruchskonstante. Bei der Modellierung der Polymerisation im TCR wurde angenommen, dass die Rekombinationskonstante k_{tc} und die Disproportionierungskonstante k_{td} nicht separat, sondern zusammen als einen Abbruchskoeffizient k_t zu betrachten sind. In Gl. 5.3 wurde die Bruttopolymerisationskonstante k_{Br} als Funktion der Zerfallskonstante, Kettenwachstumskonstante und des Abbruchskoeffizienten definiert.

Tab. 5.2: Kinetische Daten von AIBN bei 80°C aus dem Polymer Handbuch (Brandrup et al., 1999)

Kinetik des AIBN	**Wert**
Zerfallskonstante k_d	$1{,}53 \cdot 10^{-4}\ s^{-1}$
Aktivierungsenergie E_a	128,4 kJ/mol
Radikalausbeutefaktor F	0,58

Im Rahmen dieser Arbeit wurde die Kinetik der Radikalbildung und der Startreaktion nicht untersucht. Dabei wurde weiter angenommen, dass die Kinetik des im Versuch verwendeten Initiators 2,2-Azoiso-butyronitril (AIBN) nicht weiter von fluiddynamischen Prozessparametern, sondern nur von der Reaktionstemperatur abhängt. Dabei wurde die Abhängigkeit des Radikalausbeutefaktors F von der Viskosität der Flüssigkeitsmischung nicht betrachtet, da der Versuch im niedrigen Viskositätsbereich (s. Abb. 5.5) stattfindet. In Tab. 5.2 sind die kinetischen Daten von AIBN für diese Modellierung spezifiziert.

Werden in Gl. 5.3 die festen kinetischen Werte aus Tab. 5.2 eingesetzt, so ist die Bruttopolymerisationskonstante k_{Br} nur eine Funktion der Kettenwachstumskonstante und der Abbruchskonstante. Dadurch folgt ein neuer Zusammenhang für den Bruttokoeffizient, der als k bezeichnet wird.

$$k = \frac{k_p}{\sqrt{k_t}} \tag{5.4}$$

Unter Berücksichtigung des Einflusses der Scherrate im Spalt sowie des Lösemittelanteils auf die Polymereigenschaften, wurde der Bruttokoeffizient k als Funktion der fluiddynamischen Prozessparameter beschrieben. Der Einfluss des Gel-Effekts auf k wurde in diesem Modell vernachlässigt. Damit ist das kinetische Modell so aufgebaut, dass sich die Drehgeschwindigkeit beziehungsweise die Größe des Innenzylinders (die Scherrate $\dot{\gamma}$) sowie des Lösemittelmassenanteils (x_L) zunächst auf den Bruttokoeffizient k auswirken. Folglich kann dieser Bruttokoeffizient dann die Polymereigenschaften steuern. Sie verknüpft die fluiddynamischen Prozessparameter mit den Polymereigenschaften. Durch die Anpassung des kinetischen Modells an die experimentellen Ergebnisse kann die Korrelationsgleichung zwischen dem Bruttokoeffizient und den fluiddynamischen Prozessparametern aufstellt werden.

$$k = f_1(\dot{\gamma}, x_L) \tag{5.5}$$

mit

$$\dot{\gamma} = \omega \cdot \frac{R_i}{d} \tag{4.2}$$

Der Initiator zerfällt nach der Kinetik erster Ordnung, wobei die Zerfallsgeschwindigkeit über den folgenden Arrhenius-Ansatz berechnet werden kann (Baerns, 1987).

$$C_I = C_{I,0} \cdot exp(-k_d \cdot t) \tag{5.6}$$

Der Umsatz des Monomers ist das Verhältnis der während der Reaktionsdauer umgesetzten Monomermenge bezogen auf den Anfangswert des Monomers. Die Gleichung schreibt sich demnach wie folgt:

$$X = \frac{C_{M,0} - C_M}{C_{M,0}} = 1 - \frac{C_M}{C_{M,0}} \tag{5.7}$$

Zusammenfassend wurde die Batch-Polymerisation im TCR bei 80°C mit Gln. 5.2, 5.3, 5.4, 5.6 und 5.7 modelliert, wobei die Randbedingungen in Tab. 5.3 angegeben sind. Mittels dieses kinetischen Modells wurde der Umsatz des Monomers als Funktion der Reaktionszeit, der Monomer-, Lösemittel- und Initiatorkonzentration simuliert. Die Kettenübertragung wurde in diesem Modell vernachlässigt.

Tab. 5.3: Anfangbedingungen für Monomer, Lösemittel und Initiator für die Modellierung

Lösemittel-massenanteil	**Volumen-anteil**	**$C_{M,0}$ [mol/l]**	**$C_{L,0}$ [mol/l]**	**$C_{I,0}$ [mol/l]**
60 Gew.-% Xylol	60,7 % Xylol	3,34	4,72	0,001
70 Gew.-% Xylol	71,6 % Xylol	2,49	5,47	0,001
80 Gew.-% Xylol	82,8 % Xylol	1,65	6,21	0,001 und 0,01*)

*) $C_{I,0}$ = 0,001 mol/l für die Versuche mit dem großen Innenzylinder und $C_{I,0}$ = 0,01 mol/l für die Versuche mit dem mittleren und kleinen Innenzylinder

5.6.1 Darstellung der experimentellen Daten

In Abb. 5.6 ist zunächst der experimentell ermittelte Umsatz als Funktion der Reaktionszeit mit drei unterschiedlichen Lösemittelmassenkonzentrationen bei verschiedenen Rotationsgeschwindigkeiten des großen Innenzylinders in logarithmischer Skalierung dargestellt. Am Anfang der Polymerisation bei $t <$ 200 min steigt der Umsatz, wie bereits in Abb. 5.6a gezeigt, deutlich mit zunehmender Scherrate im Spalt an. Bei $t >$ 200 min nimmt der Umsatz dann langsamer zu. Die Scherrate in Abhängigkeit der Reaktionsgeschwindigkeit indiziert die Rolle der Diffusion im gesamten Mechanismus. Wegen der Entschlaufung der Polymerradikalen durch Ausdehnung nimmt die Wahrscheinlichkeit der fortlaufenden Monomeraddition an Polymerradikale bei höherer Scherrate zu. Dabei wird die Kettenabbruchsreaktion schnell beschleunigt, da die lebenden Polymerketten beweglicher sind. Als Ergebnis davon geht der dementsprechende Umsatz dann schnell hoch. Wenn die Viskosität der Polymerlösung ansteigt, ist die Bewegung der Polymerradikale in der Lösung, und als Folge daraus, die Monomeraddition behindert. Weiterhin ist die Konzentration der freien Radikale nach Verbrauch des Initiators sehr gering. Dies führt dazu, dass der Umsatz nach einer Reaktionszeit von 200 min langsamer steigt.

Außerdem nimmt der Umsatz mit zunehmendem Lösemittelanteil ab. Die Erklärung ist analog zu Abb. 5.2. Mit höherem Lösemittelanteil reduziert sich die Polymerisationsgeschwindigkeit. Die Batch-Polymerisationen mit einem Lösemittelanteil von 80 Gew.-% bei verschiedenen Scherraten für den mittleren beziehungsweise den kleinen Innenzylinder, wurden in dieser Arbeit ebenfalls durchgeführt. Die experimentellen Ergebnisse sind identisch zu den Versuchen mit dem großen Innenzylinder. Im kinetischen Modell ist der Bruttokoeffizient k eine Funktion der Scherrate und des Lösemittelanteils. Dieser Bruttokoeffizient k ist für das Modell nicht bekannt. Durch die Anpassung des kinetischen Modells an die experimentell ermittelten Umsätze, konnte k bestimmt werden.

In Abb. 5.6 ist zusätzlich die Anpassung des kinetischen Modells mit dem resultierenden Bruttokoeffizienten k an die experimentellen Daten gezeigt. Das kinetische Modell kann die experimentellen Umsätze gut wiedergeben. Die Abweichungen zwischen Simulation und Experiment sind akzeptabel. Wegen der Initiierung der freien Radikale ist die Polymerisation in der Startphase nicht stabil. Es ist schwierig, den Umsatz im niedrigen Bereich durch die thermogravimetrische Methode im Vakuumtrockenschrank zu bestimmen. Deshalb ist bei Versuchen mit Xylolanteilen von 60 und 70 Gew.-% der experimentelle Auswertungsfehler relativ groß. Damit verschlechtert sich die Anpassung des Modells im niedrigen Umsatzbereich ($t < 100$ min). Im Gegensatz sind die Modellierungsergebnisse bei $t > 400$ min immer kleiner als die experimentellen Umsätze, weil aufgrund der ansteigenden Viskosität der Kettenabbruchskoeffizient k_t im realen Fall abnimmt. Dies führt zur Beschleunigung der Polymerisationsgeschwindigkeit, so dass der experimentelle Umsatz höher als der durch dieses Modell berechnete Umsatz ist, welches von der idealen Kinetik ausgeht.

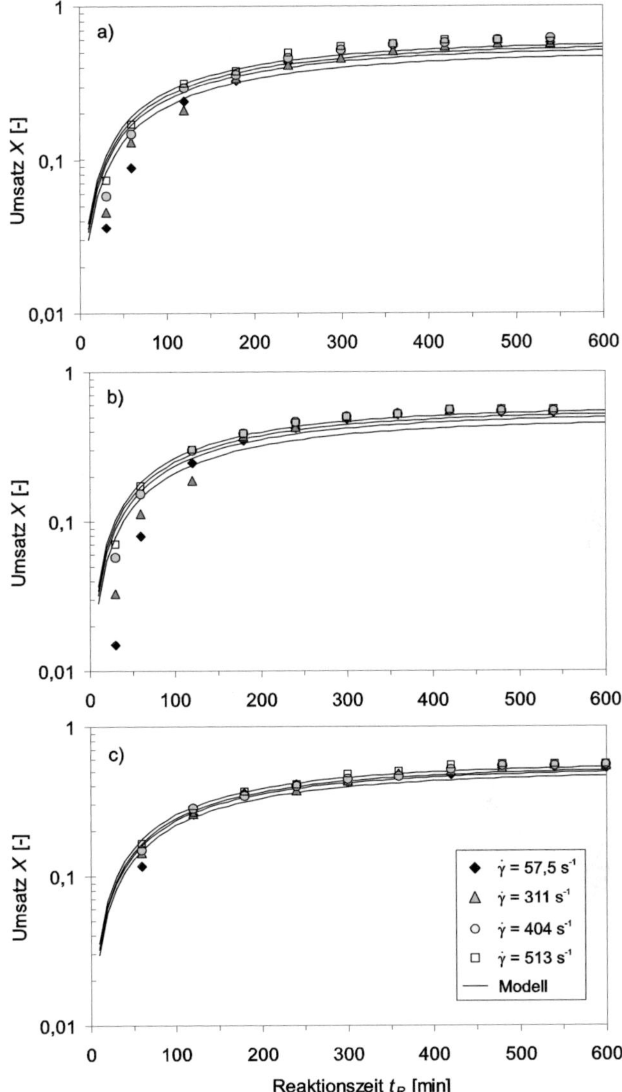

Abb. 5.6: Experimentell ermittelte und über kinetisches Modell berechnete Umsätze über der Reaktionszeit mit den Bruttokoeffizienten k bei verschiedenen Scherraten für den großen Innenzylinder mit einer AIBN-Konzentration von 0,02 Gew.-% und drei verschiedenen Lösemittelkonzentrationen von a) 60 Gew.-%, b) 70 Gew.-% und c) 80 Gew.-%

5.6.2 Entwicklung einer Korrelation

Für die Entwicklung einer Korrelation zwischen dem Bruttokoeffizient k und der Scherrate im Spalt, wurde erneut der Arrhenius-Ansatz (Gl. 5.1) verwendet. Aufgrund des in Abb. 5.6 dargestellten Zusammenhangs ist es möglich, auf Basis von der Freie-Volumen-Theorie und dem Turbulenzdiffusionsmodell eine Korrelation für alle untersuchten Innenzylinder und Lösemittelanteile abzuleiten. Das Ziel hierbei ist, eine Korrelation aufzustellen, in welcher der Reaktionskoeffizient nicht in Abhängigkeit der Reaktionstemperatur, sondern von der Scherrate $\dot{\gamma}$ im untersuchten Bereich bei unterschiedlichen Lösemittelvolumenanteilen steht.

Im Hinblick auf die Modellierung der Polymerisationskinetik ist schon bekannt, dass das Kettenwachstum und der Abbruchsschritt der freien radikalischen Polymerisation komplizierte Phänomene sind. Dabei hängt die Wachstumskonstante k_p und der Abbruchskoeffizient k_t von dem Umsatz, der Polymerkettenlänge, den stationären und instationären Zuständen, der Aktivierungsenergie und dem Aktivierungsvolumen usw. ab (Barner-Kowollik et al., 2005; Buback et al., 2002). Ein, auf der Freie-Volumen-Theorie basierendes Modell von Marten und Hamielec (1979 und 1982), das den Gel-Effekt mitberücksichtigt, geht davon aus, dass die Wachstumsreaktion einer Diffusionskontrolle unterliegt, wenn der kritische Umsatz erreicht ist.

$$k_p = \psi \cdot D_{Mkr} \tag{5.8}$$

wobei ψ der Proportionalitätsfaktor ist und D_{Mkr} der Diffusionskoeffizient des Monomers beim kritischen Umsatz. Da die Diffusionskontrolle der Wachstumsreaktion nur bei sehr hohem Umsatz des Monomers passiert und wie in Abb. 5.6 gezeigt, dass die experimentell ermittelten Umsätze aller Versuche nicht 70% überschritten haben, wurde in dieser Arbeit angenommen, dass der Wachstumsschritt immer unter dem kritischen Punkt verläuft. Das heißt, dass aus den IUPAC-Daten (Beuermann et al., 1997) ein fester Wert von 1317 l/mol/s bei 80°C für die Kettenwachstumskonstante k_p entnommen wurde.

Diese Diffusionskontrolle tritt ebenfalls bei der Abbruchsreaktion auf, wenn der Diffusionskoeffizient eines Polymerradikals D_P gleich oder kleiner ist als der kritische Diffusionskoeffizient D_{Pkr}.

$$k_t = k_1 \cdot D_{Pkr} \tag{5.9}$$

Hierbei ist k_l die Temperaturabhängige Konstante.

Im TCR wurden unter der Diffusionskontrolle die turbulenten Wechselwirkungen berücksichtigt, da im Spalt eine toroidale Wirbelstruktur abgebildet wurde. In der Fluidströmung besteht die lokale Geschwindigkeit aus der momentanen und der zeitlich gemittelten Geschwindigkeit. Die Differenz ergibt eine lokale Fluktuation (Schwankung) der Geschwindigkeit, die aufgrund der Turbulenz auftritt. Solche turbulente Schwankungen tragen im Wesentlichen zur Mikrovermischung bei (Racina, 2009). Sie sind für die Erhöhung der gesamten Reaktionsgeschwindigkeit verantwortlich. Dies bedeutet, dass im TCR der Abbruchskoeffizient k_t zusätzlich von dem Term der Turbulenz beeinflusst wird. Die bei turbulenten Strömungen durch die Geschwindigkeitsschwankungen hervorgerufenen, intensiveren Transportvorgänge für Impuls und Stoff, können durch die Einführung turbulenter Transportkoeffizienten beschrieben werden (Baldyga und Bourne, 1999).

$$k_t = k_1 \cdot D_P + \varsigma \cdot D_T \tag{5.10}$$

wobei ς der Proportionalitätsfaktor und D_T der turbulente Diffusionskoeffizient ist. Dabei ist der Wert des Abbruchskoeffizienten k_t wegen der Diffusionskontrolle nicht konstant.

Fujita (1961) und Vrentas (1977) haben schon nachgeprüft, dass die Freie-Volumen-Theorie für die Diffusion in der Flüssigkeitsmischung eines Polymers geeignet ist. Deshalb kann der Diffusionskoeffizient als Funktion des freien Volumens und des Molekulargewichts des Polymers wie folgt beschrieben werden (Bueche, 1962):

$$D_P = \frac{\varphi \cdot \delta^2}{k_2 \cdot \widetilde{M}} \cdot \exp\left(\frac{-A_1}{\Theta_F}\right) \tag{5.11}$$

Hierbei ist k_2 eine Konstante, $\widetilde{M}$ das Molekulargewicht des Polymers (monodispers), φ die Sprungfrequenz, δ der Sprungabstand, A_1 die Konstante. Θ_F bezeichnet den Anteil des freien Volumens. Das freie Volumen wird im Allgemeinen durch Gl. 5.12 definiert:

$$\Theta_F = \frac{V_T - V_B}{V_T} \tag{5.12}$$

Dabei sind V_T und V_B das gesamte und das besetzte Volumen in der Flüssigkeitsmischung.

Wenn Gl. 5.11 in Gl. 5.10 eingesetzt wird, berechnet sich der Abbruchskoeffizient k_t wie folgt:

$$k_t = \frac{k_1 \cdot \varphi \cdot \delta^2}{k_2 \cdot \widetilde{M}} \cdot \exp\left(\frac{-A_1}{\Theta_F}\right) + \varsigma \cdot D_T \tag{5.13}$$

In der Polymerisationskinetik ist die Berechnung des freien Volumenanteils wie folgt dargestellt (Marten und Hamielec, 1979 und 1982):

$$\begin{aligned}\Theta_F = &\left[0{,}025 + \alpha_P\left(T - T_{gP}\right)\right] \cdot \frac{V_P}{V_T} + \left[0{,}025 + \alpha_M\left(T - T_{gM}\right)\right] \cdot \frac{V_M}{V_T} \\ &+ \left[0{,}025 + \alpha_L\left(T - T_{gL}\right)\right] \cdot \frac{V_L}{V_T}\end{aligned} \tag{5.14}$$

Hierbei sind die entsprechenden Indizes *P*, *M* und *L* das Polymer, Monomer und Lösemittel. α ist der Expansionskoeffizient zwischen den flüssigen und den Glasübergangsphasen, *T* die Reaktionstemperatur und T_g die Glasübergangstemperatur. Einige Stoffdaten für PMMA, MMA und Xylol sowie die Modellparameter sind in Tab. 5.4 zusammengefasst (Brandrup et al., 1999; Marten und Hamielec, 1979 und 1982).

Tab. 5.4: Für die Modellierung gebrauchte Stoffdaten und Parameter

Reaktionstemperatur [K]	$T = 353{,}15$
Konstanten	$A_1 = 0{,}348$ (Marten und Hamielec, 1982)
Expansionskoeffizient [K^{-1}]	$\alpha_P = 4{,}8 \cdot 10^{-4}$ $\alpha_M = 1 \cdot 10^{-3}$ $\alpha_L = 1 \cdot 10^{-3}$
Glasübergangstemperatur [K]	$T_{gP} = 403$ $T_{gM} = 165$ $T_{gL} = 226$

Wenn man die Stoffdaten aus Tab 5.4 in Gl. 5.14 einsetzt, sieht der Frei-Volumenanteil wie folgt aus:

$$\Theta_F = 1{,}072 \cdot 10^{-3} \cdot \frac{V_P}{V_T} + 0{,}213 \cdot \frac{V_M}{V_T} + 0{,}152 \cdot \frac{V_L}{V_T} \tag{5.15}$$

In Gl. 5.15 kann der Polymerterm vernachlässigt werden, weil er im Vergleich zu den anderen zwei Termen relativ klein ist. Der Monomer- und der Lösemittelanteil wurden hier mit den Anfangswerten berechnet (Tab. 5.3).

$$\Theta_F = 0{,}213 \cdot \left(\frac{V_M}{V_T}\right)_0 + 0{,}152 \cdot \left(\frac{V_L}{V_T}\right)_0 \qquad (5.16)$$

In der turbulenten Strömung verursacht die Wirbelbewegung der Fluidelemente den wesentlichen Impulsquertransport (Baldyga und Bourne, 1999). Nach dem newtonschen Spannungsansatz wird der Impulsquertransport durch eine veränderte Viskosität und eine Querableitung der zeitlich gemittelten Geschwindigkeit, ausgedrückt. Nach der Herleitung kann der Turbulenzdiffusionskoeffizient D_T anschließend durch die turbulente Viskosität μ_T und die turbulente Schmidt-Zahl Sc_T beschrieben werden.

$$D_T = \frac{\mu_T}{\rho \cdot Sc_T} \qquad (5.17)$$

wobei ρ die Strömungsdichte und Sc_T = 0,7 ist (Fox, 2003). Die turbulente Viskosität μ_T wird durch die modifizierte Prandtl-Kolmogorov-Beziehung charakterisiert (Baldyga und Bourne, 1999).

$$\mu_T = c\frac{k^2}{\varepsilon} \qquad (5.18)$$

Hierbei ist k die kinetische Turbulenzenergie, ε die Dissipationsrate der turbulenten kinetischen Energie und c eine Konstante. Dabei wird der Diffusionskoeffizient und k^2/ε wie folgt in Zusammenhang gesetzt:

$$D_T = \frac{c}{0{,}7 \cdot \rho} \cdot \frac{k^2}{\varepsilon} \qquad (5.19)$$

Mit Hilfe der PIV-Methode (s. Kap. 3.2) kann die lokale Geschwindigkeitsschwankung im TCR visualisiert werden (Racina, 2009). Unter der Annahme, dass die Turbulenz statistisch isotrop in der Strömung verteilt ist, wurden die kinetische Turbulenzenergie und die Energiedissipationsrate für eine newtonsche Strömung durch Gradienten der Schwankungen aus den PIV-

Aufnahmen berechnet. Als Ergebnis daraus ist zu erkennen, dass k^2/ε im TCR mit abnehmender Drehgeschwindigkeit des Innenzylinders ansteigt.

$$\frac{k^2}{\varepsilon} = f_2(\omega) \tag{5.20}$$

In dieser Arbeit befinden sich die meisten Messpunkte im newtonschen Bereich. Somit kann die oben dargestellte Beziehung weiter für die Polymerisationsreaktion im TCR verwendet werden. Um das Problem zu lösen, führt man eine einfach lineare Funktion in Gl. 5.20 ein. Dabei kann der Turbulenzdiffusionskoeffizient durch die Scherrate aus Gl. 4.2 beschrieben werden.

$$D_T = f_3(\dot{\gamma}) \tag{5.21}$$

Zur Aufstellung einer Korrelation zwischen k_t und $\dot{\gamma}$ wird angenommen, dass die Initiatorkonzentration keine Rolle in der Korrelation spielt. Dazu wird die Anpassung der experimentellen Daten durch eine lineare Funktion vorgeschlagen, wobei der turbulente Term das Produkt aus der Scherrate $\dot{\gamma}$ und dem Anpassungsparameter a_1 enthält. Eine weitere Annahme ist, dass in Gl. 5.13 der vorexponentielle Term einen konstanten Wert a_2 enthält. Die Steigung a_1, sowie der vorexponentielle Faktor a_2, können allgemein durch Anpassung an die experimentellen Daten ermittelt werden. Die Korrelation ist demnach wie folgt dargestellt:

$$k_t = -a_1 \cdot \dot{\gamma} + a_2 \cdot \exp\left(\frac{-1}{\Theta_F}\right) \tag{5.22}$$

Tab. 5.5: Experimentell bestimmte Parameter für die Korrelation zwischen dem Abbruchskoeffizient und der Scherrate bei Versuchen mit einem Lösemittelanteil von 80 Gew.-%

Scherratebereich [s^{-1}]	a_1	a_2
12,6 ~ 513	$5{,}3 \cdot 10^4$	$3{,}63 \cdot 10^7$

Diese Korrelation kann für den Fall verwendet werden, dass im untersuchten TCR kein Gel-Effekt auftritt. Durch die Anpassung an die experimentellen Daten, wurden die Parameter a_1 und a_2 in der Korrelation schließlich für den ganzen untersuchten Scherratebereich mit allen drei Innenzylindern berechnet. Das Ergebnis ist in Tab. 5.5 dargestellt.

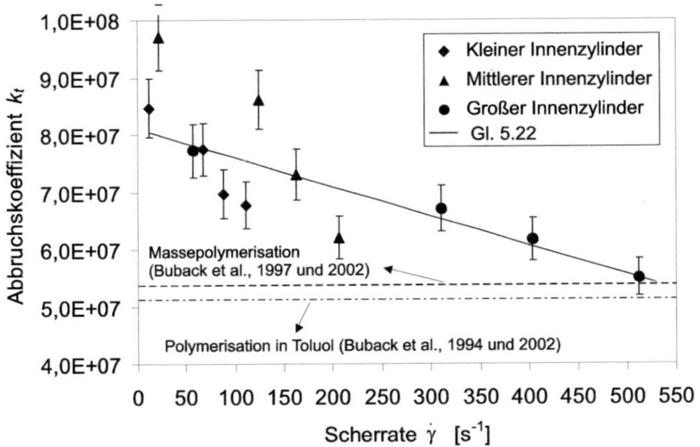

Abb. 5.7: Korrelation zwischen der Scherrate und dem Abbruchskoeffizienten k_t bei einem Lösemittelanteil von 80 Gew.-%

Für den mittleren und den kleinen Innenzylinder wurden die Versuche mit einer Initiatorkonzentration von 0,2 Gew.-% durchgeführt. Die Annahme gilt weiter, dass bei den mittleren und kleinen Innenzylindern keine Diffusionskontrolle der Kettenwachstumsreaktion stattfindet, und k_p immer einen festen Wert von 1317 l/mol/s hat. Das kinetische Modell wurde wieder an die experimentell ermittelten Umsätze für die beiden Innenzylinder angepasst. Dabei konnten die Abbruchskoeffizienten bei unterschiedlichen Scherraten bestimmt werden. Die Versuchsergebnisse sind zusammen mit den Abbruchskoeffizienten, die bei Versuchen mit dem großen Innenzylinder ausgewertet wurden, in Abb. 5.7 aufgetragen. Ein Vergleich der experimentellen Werte der Abbruchskoeffizienten für Versuche mit gleichem Lösemittelanteil von 80 Gew.-% und unterschiedlichen Scherraten zeigt, dass der Abbruchskoeffizient mit zunehmender Scherrate deutlich abnimmt. Zusätzlich wurden in Abb. 5.7 noch zwei Abbruchskoeffizienten aus der Literatur eingefügt (Buback et al., 2002). Da die hydrodynamische Aktivierung bisher noch nicht betrachtet wurde, hängt der Abbruchskoeffizient k_t nicht von der Scherrate ab. Im Vergleich zu den Literaturdaten ist deutlich zu sehen, dass die in dieser Arbeit gemessenen kinetischen Daten im hohen Bereich liegen. Beim mittleren Innenzylinder lässt sich eine relativ große Abweichung zwischen dem Modell und den experimentellen Daten feststellen. Der Grund liegt darin, dass im Gegensatz zur Annahme eines newtonschen Fluids die Polymerlösung beim mittleren Zylinder ein klares Scherverdünnungs-Verhalten aufweist (s. Kap. 4.4). Für den kleinen und großen Innenzylinder stimmt die Korrelation mit den beiden angepassten Parametern im untersuchten Scherratebereich gut mit den Experimenten überein.

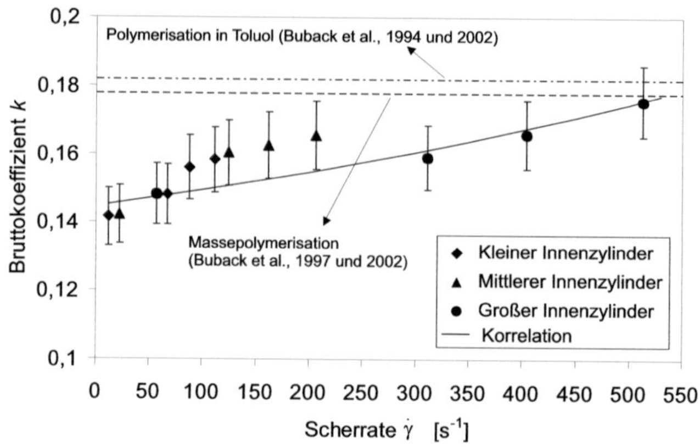

Abb. 5.8: Korrelation zwischen der Scherrate und dem Bruttokoeffizient k bei einem Lösemittelanteil von 80 Gew.-%

In Abb. 5.9 sind die resultierenden Bruttokoeffizienten aus der Anpassung an das kinetische Modell für verschiedene Scherraten des großen Innenzylinders und unterschiedliche Lösemittelanteile dargestellt. Dabei steigt der Bruttokoeffizient mit zunehmender Scherrate im Spalt an, wenn der Lösemittelanteil konstant ist, während er sich mit zunehmendem Lösemittelanteil reduziert. Aus den experimentell ermittelten kinetischen Daten hat sich gezeigt, dass im Vergleich zu der Auswirkung der Scherrate der Einfluss des Lösemittelanteils auf den Bruttokoeffizient sehr klein ist. In Abb. 5.9 wurden zusätzlich zwei Reaktionskonstanten $k_p / \sqrt{k_t}$ aus Literaturdaten (Buback et al., 1994, 1997 und 2002) eingefügt. Die Wachstumsreaktionskonstanten für die Masse- und Lösungspolymerisation von MMA wurden jeweils von Buback et al. (1997 und 1994) berechnet. Der Abbruchskoeffizient ist aus Buback et al. (2002) entnommen. Im Vergleich zu den Literaturdaten ist deutlich zu erkennen, dass die in dieser Arbeit gemessenen kinetischen Daten bei kleinen Scherraten im niedrigen Bereich liegen.

Die erstellte Korrelation zwischen der Scherrate und dem Bruttokoeffizienten hat einen mittleren Fehler von weniger als 2% und stimmt somit über den gesamten Scherratenbereich gut mit den experimentellen Daten überein. Sowohl die Korrelation, als auch die experimentellen Daten werden in Abb. 5.9

dargestellt und zeigen, dass die Polymerisationsgeschwindigkeit bei konstanter Scherrate mit zunehmendem Lösemittelanteil abnimmt.

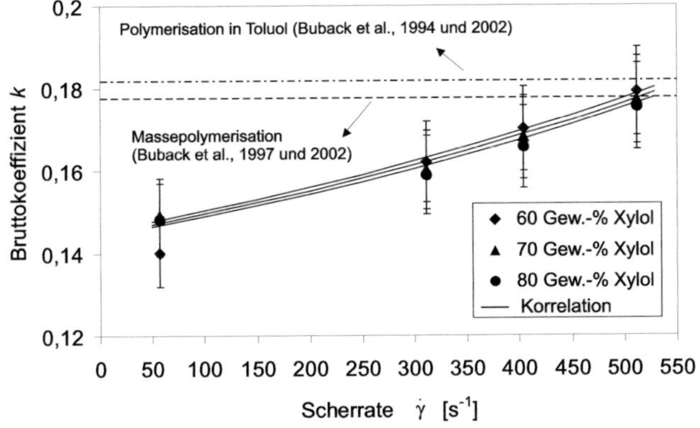

Abb. 5.9: Korrelation zwischen der Scherrate und dem Bruttokoeffizient k mit drei verschiedenen Lösemittelkonzentrationen

Die hydrodynamische Aktivierung ist ein sehr wichtiges Phänomen für die freie radikalische Polymerisation im TCR. Man benötigt eine Korrelation zwischen dem Bruttokoeffizient k und den fluiddynamischen Prozessparametern, um den Umsatzverlauf für die unterschiedlichen Innenzylinder bei variabler Scherrate und Lösemittelkonzentration im Batch-Reaktor richtig beschreiben zu können. Mit Hilfe der hydrodynamischen Aktivierung ist die Modellierung der Vermischung während der Lösungspolymerisation in einem kontinuierlich betriebenen Taylor-Couette Reaktor möglich (Kap. 6).

6 Modellierung der Makro- und Mikrovermischung

Der Stofftransport zwischen den Wirbelzellen steht im Mittelpunkt der meisten Untersuchungen zur Vermischung im Taylor-Couette Reaktor. Bislang haben mehrere Wissenschaftler versucht, den Stoffaustausch innerhalb der Wirbelzellen der Taylor-Couette Strömung mit Hilfe des Modells der axialen Dispersion und des Modells der Kaskade idealer Rührkessel mit Rückströmung zu beschreiben (Enokida et al., 1989; Pudjiono et al., 1992; Moore und Cooney, 1995). Wenn in diesem Vermischungsmodell eine Polymerisationsreaktion beobachtet wird, muss die Änderung der Viskosität entlang der Reaktorlänge zunächst berücksichtigt werden. Dabei wird in diesem Kapitel ein neues Strömungsmodell der Makro- und Mikrovermischung, das für die Simulation der freien radikalischen Polymerisation von MMA mit einem Lösemittelanteil von 80 Gew.-% bei 80°C in einem kontinuierlich betriebenen Taylor-Couette Reaktor geeignet ist, entwickelt. Das Modell und die Simulationsrechnungen werden durch den Vergleich der numerischen und experimentellen Ergebnisse des Umsatzverlaufs des Polymers entlang der Reaktorlänge validiert.

Die grundlegenden Bedingungen und Annahmen wurden aus dem Makrovermischungsmodell von Racina (2009) übernommen. Um die Mikrovermischung in einem reagierenden System zu charakterisieren, stand das Diffusionsmodell von Villermaux (Villermaux et al. 1983; Villermaux 1986) zur Verfügung. Das Diffusionsmodell geht davon aus, dass die Stoffübertragung einer linearen Kinetik folgt (Pohorecki und Baldyga, 1983). Aus der Literatur ist bereits bekannt, dass die reagierende Flüssigkeit auf der Mesoebene als ein ideales Gemisch betrachtet werden kann, da die Mesovermischung sehr schnell ist (Racina, 2009). Deshalb wird in diesem Modell die Vermischung auf der Mesoskala vernachlässigt und nur die Makro- und Mikrovermischung betrachtet. Die Vermischungskinetik in axialer Richtung wurde mit Hilfe des Zellenmodells mit Rückvermischung charakterisiert (Kafarov und Glebov, 1991). Unter Berücksichtigung des Einflusses der hydrodynamischen Prozessparameter auf die Polymerisationskinetik wurde schließlich die kontinuierliche Polymerisation im TCR modelliert. Die Simulationsrechnungen wurden unter Lösung der zugehörigen Differenzialgleichungen in MATLAB durchgeführt.

6.1 Experimentelle Vorgehensweise

Das Versuchsziel ist, experimentelle Umsätze für die Validierung der numerischen Simulation bei der freien radikalischen Lösungspolymerisation von

MMA bereitzustellen. Im TCR wurde die kontinuierliche Polymerisation bei 80°C unter kontrollierten Prozessparametern (Volumenströmung der Flüssigkeitsmischung der Reaktanden (d.h. mittlere Verweilzeit), die Größe und die Drehgeschwindigkeit des Innenzylinders) durchgeführt. Zur Verhinderung der Auswirkung des Gel-Effekts und einer unerwünscht hohen Viskosität der reagierenden Flüssigkeitsmischung während der Polymerisation, beträgt die Lösemittelkonzentration von Xylol im kontinuierlichen Fall 80 Gew.-%. Die verschiedenen Drehgeschwindigkeiten im Bereich von 7,4 bis 66 rad/s wurden für drei unterschiedliche Größen des Innenzylinders eingestellt. Beim großen Innenzylinder wurden in allen Versuchen zwei Konzentrationen des Initiators (AIBN) von 0,05 und 0,2 Gew.-% benutzt. Dagegen wurde bei der Untersuchung der mittleren und kleinen Innenzylinder nur eine AIBN-Konzentration von 0,2 Gew.-% verwendet.

Bevor die reagierende Flüssigkeitsmischung in den TCR dosiert wird, sollte das flüssige Monomer, das Lösemittel und der feinpulvrige Initiator in einem wärmeisolierten Vorlagebehälter bei < 10°C sehr gut vermischt werden. Hierbei wurde angenommen, dass die in der kontinuierlichen Polymerisation verwendete Reaktionsmischung einen idealen Mischzustand hat. Dabei wurde ein magnetischer Rührer unter dem Vorlagebehälter eingesetzt. Für die einzelnen Versuche können jeweils fünf Proben entlang der Reaktorhöhe (von oben nach unten an den Stellen Nr. 5 bis 1) entnommen werden (s. Abb. 4.1). Nach Zusatz eines Inhibitors wurden die Proben bei -30°C gelagert (Kap. 4.3).

6.2 Modellaufbau während der Polymerisation in einem kontinuierlich betriebenen Taylor-Couette Reaktor

Die reagierende Taylor-Couette Strömung wurde ursprünglich im Modell der axialen Rückvermischung beschrieben (Croockewit et al., 1955; Tam und Swinney, 1987), mit dessen Hilfe sich die Stoffübertragung im TCR vereinfacht charakterisieren lässt. Dabei wird angenommen, dass die Strömung analog zu einer idealen quervermischten Rohrströmung ist. Wie in Abb. 6.1 gezeigt, können mit diesem Modell die einzelnen Strömungswirbelzellen in einem TCR als eine Reihe hintereinander geschalteter Reaktionseinheiten CSTR (Continuous Stirred Tank Reactor) betrachtet werden. Der Stoffaustausch zwischen den benachbarten Wirbelzellen findet durch Vorwärts- und Rückwärtsströmungen mittels Dispersion statt. Zur Anwendung dieses Modells setzt ein newtonsches Fluid voraus.

Im Gegensatz zum Zellenmodell mit Rückvermischung ist für ein normales Reaktionssystem bei der Polymerisation der Rückvermischungsanteil f in den einzelnen Wirbelzellen nicht identisch, weil die Viskosität entlang der Reaktorlänge ansteigt. Dabei hängt der Dispersionskoeffizient D_{ax} von der Viskosität der Flüssigkeitsmischung ab. In der numerischen Simulation wurde die Rückvermischung für jede einzelne Wirbelzelle mit der in dieser Zelle vorliegenden Viskosität berechnet. Die Untersuchung der Eigenschaften von Polymerproben (Kádár, 2010) hat ergeben, dass die Polymerlösung im TCR gelartige oder schwach elastische Viskositätseigenschaften besitzt. Somit ist in dieser Arbeit ein, für die nicht-newtonsche Strömung geeignetes Vermischungsmodell erforderlich.

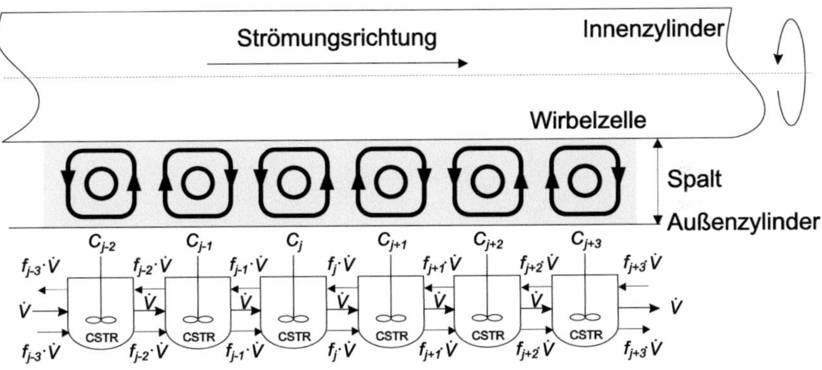

Abb. 6.1: Zellenmodell mit Rückvermischung bei der Polymerisation im TCR

Beim Aufbau des Simulationsmodells wurden die folgenden vier Phänomene betrachtet, damit der Umsatz des Monomers in jeder Wirbelzelle entlang der Reaktorlänge beziehungsweise. im gesamten Reaktor angemessen beschrieben werden kann.

1. Auf der Makroebene findet der Massenaustausch zwischen den Wirbelzellen im Spalt des TCRs statt. Zur Charakterisierung der Makrovermischung wird das axiale Dispersionsmodell verwendet.
2. Wie bereits oben erwähnt, nimmt die Viskosität der Flüssigkeitsmischung während der Polymerisation im TCR zu. Deshalb ist es nicht zulässig, die Viskositätsänderung in den Wirbelzellen zu vernachlässigen. Deshalb wird in Kap. 6.2.2 eine empirische Korrelation zwischen der Viskosität und der Polymerkonzentration entwickelt.
3. Die Polymerisationskinetik wird in diesem Modell mit Hilfe der hydrodynamischen Aktivierung beschrieben.

4. Zum Schluss wird der Segregationsgrad I_s aus dem Diffusionsmodell in diese Modellierung eingeführt, so dass das Mischverhalten auf der Mikroebene in der einzelnen Wirbelzelle beziehungsweise die entsprechenden Mikromischzeiten berechnet werden können.

6.2.1 Modell der Makrovermischung

Als Makrovermischung wird die Vermischung zwischen benachbarten Wirbelzellen bezeichnet. Um die Makrovermischung für die kontinuierliche Polymerisation exakt zu modellieren, ist vor allem die Bestimmung der Strömungseigenschaften im Spalt des TCRs notwendig. Für eine newtonsche Taylor-Couette Strömung wurden das turbulente Regime und das Wellenregime mit Hilfe der folgenden empirischen Gleichung näherungsweise unterschieden (Racina, 2009):

$$\frac{Re_\phi}{Re_{\phi,k}} = 20 + 0{,}24 \cdot Re_{ax} \tag{6.1}$$

Die kritische Reynoldszahl $Re_{\phi,k}$ ist eine Funktion der axialen Reynoldszahl. Hierfür wurde weiter angenommen, dass dieses Kriterium auch für die nichtnewtonsche Strömung gilt. Wenn Re_ϕ / $Re_{\phi,k} > 20 + 0{,}24 \cdot Re_{ax}$ ist, so liegt die Strömung im turbulenten Bereich. Die Zunahme der kritischen Rotations-Reynoldszahl mit zunehmender axialer Reynoldszahl für den Übergang zur Wirbelströmung lässt sich wie folgt berechnen (Snyder, 1962).

$$Re_{\phi,k} = \sqrt{Re_{\phi,k}^2\left(Re_{ax} = 0\right) + 0{,}28 \cdot Re_{ax}^2 \cdot \frac{(1+\eta)}{2 \cdot (1-\eta)}} \tag{6.2}$$

wobei

$$\eta = \frac{R_i}{R_i + d} \tag{3.2}$$

Mit Gln. 6.1 und 6.2 wurden die Strömungseigenschaften im Spalt zwischen zwei konzentrischen Zylindern bei drei verschiedenen Drehgeschwindigkeiten und drei unterschiedlichen Größen des Innenzylinders abgegrenzt. Die jeweiligen radialen und axialen Reynoldszahlen für die durchgeführten Versuche sind in Abb. 6.2 bzw. in Abb. 10.4 im Anhang zusammengefasst. Zusätzlich eingetragen ist die Grenze zwischen dem turbulenten und Wellenregime.

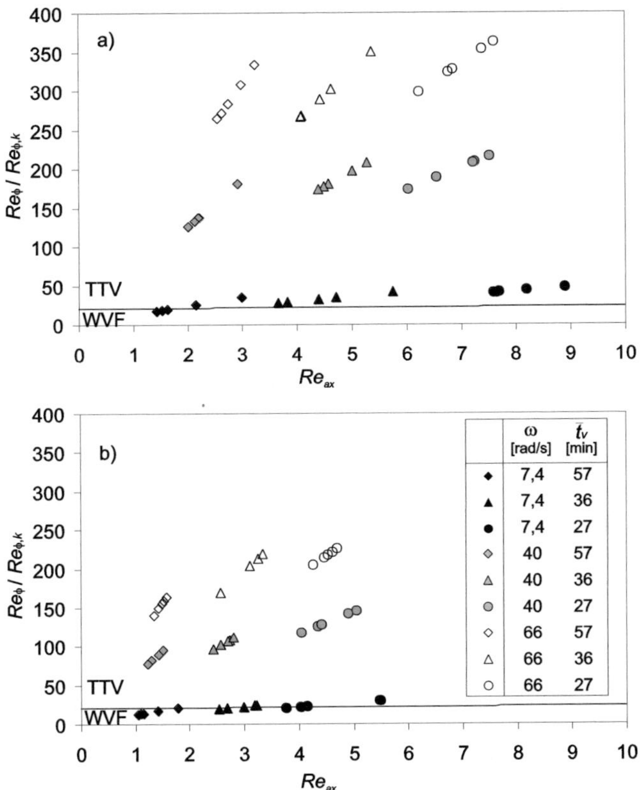

Abb. 6.2: Experimentell ermittelter Verlauf der Rotations-Reynoldszahl bei verschiedenen Rotationsgeschwindigkeiten des großen Innenzylinders mit zwei Initiatorkonzentrationen von a) 0,05 Gew.-% und b) 0,2 Gew.-% für den kontinuierlichen Prozess (TTV wird als Turbulent Taylor Regime bezeichnet, und WVF bedeutet Wavy Vortex Flow.)

In Abb. 6.2 ist exemplarisch für den großen Innenzylinder das Verhältnis der Rotations-Reynoldszahl zu der kritischen Reynoldszahl bei drei verschiedenen Rotationsgeschwindigkeiten in der kontinuierlichen Polymerisation mit zwei Initiatorkonzentrationen dargestellt. Im Allgemeinen steigt die axiale Reynoldszahl mit abnehmender mittlerer Verweilzeit an und die Rotations-Reynoldszahl nimmt mit ansteigender Drehgeschwindigkeit des Innenzylinders zu. Dabei spielt die Konzentration des Initiators eine wichtige Rolle für die Strömungseigenschaften. Bei gleicher Drehgeschwindigkeit und gleicher mittlerer Verweilzeit ist die axiale Reynoldszahl bei einer niedrigen Initiatorkonzentration von

0,05 Gew.-% (Abb. 6.2a) größer als bei einer hohen Initiatorkonzentration von 0,2 Gew.-% (Abb. 6.2b). Die Ursache hierfür ist darin zu suchen, dass der Umsatz bei der Polymerisation mit der niedrigen Initiatorkonzentration deutlich kleiner ist. Dabei ist die entsprechende Viskosität niedriger als bei einer hohen Initiatorkonzentration. Analog zu der axialen Reynoldszahl ist Re_ϕ / $Re_{\phi,k}$ bei der niedrigen Initiatorkonzentration größer als Re_ϕ / $Re_{\phi,k}$ bei einer hohen Initiatorkonzentration.

Aufgrund der Umsatzerhöhung des Polymers mit ansteigender Reaktorlänge in einem kontinuierlichen Prozess, nehmen die axiale beziehungsweise die Rotations-Reynoldszahl entlang der Reaktorhöhe bei jedem Versuch zu. Für alle Innenzylindergrößen wurden die meisten Versuche in der turbulenten Strömung (TTV) durchgeführt. Im Gegensatz dazu liegt die Strömung bei einer niedrigen Drehgeschwindigkeit von 7,4 rad/s teilweise im Bereich des Übergangs vom turbulenten (TTV) in das Wellenregime (WVF), was bedeutet, dass die Experimente mit einer Drehgeschwindigkeit von 7,4 rad/s hauptsächlich in einem Übergangsbereich stattfinden. Die Makrovermischung wurde hier mittels des axialen Dispersionsmodells beschrieben. Dabei ist die Korrelation zwischen dem Dispersionskoeffizienten und den Prozessparametern von Racina (2009) nur für das turbulente und das Wellenregime geeignet. Das Problem liegt darin, dass es in der Literatur nur wenige Angaben zur Beschreibung der Strömungseigenschaften zwischen den beiden oben genannten Regimes gibt. Um diesem Problem zu begegnen, wurden bei den Versuchen die Strömungen auf drei Bereiche aufgeteilt: das turbulente Regime, die Übergangsströmung und das Wellenregime.

Die folgenden, auf dem Dispersionsmodell von Racina (2009) basierenden Korrelationen für den axialen Dispersionskoeffizient in einer beliebigen Wirbelzelle j als eine Funktion der Prozessparameter wurden an dieser Stelle für die Makrovermischung entwickelt. Der axiale Dispersionskoeffizient D_{ax} wird in Abhängigkeit von der axialen und der Rotations-Reynoldszahl dargestellt. Dabei wurde zusätzlich eine Korrelation für den Übergangsbereich aufgestellt. Der Gültigkeitsbereich zur Anwendung dieser Korrelationen ist $0 < Re_{ax} < 120$.

Für das Wellenregime ist Re_ϕ / $Re_{\phi,k} < 20$. Die Korrelation lautet:

$$\frac{D_{ax,j}}{\nu_j} = 2 \cdot 10^{-3} \cdot \eta^{-1,75} \cdot Re_{\phi,j}^{\alpha} \tag{6.3}$$

Wenn $20 < Re_\phi$ / $Re_{\phi,k} < 50$ ist, liegt der Übergangsbereich vor:

$$\frac{D_{ax,j}}{\nu_j} = 2{,}4 \cdot 10^{-1} \cdot \eta^{-1} \cdot Re_{\phi,j}^{\beta} \cdot Re_{ax,j}^{0,25} \qquad (6.4)$$

Zur Unterscheidung zwischen dem turbulenten und dem Übergangsregime wurde $Re_\phi / Re_{\phi,k} > 50$ als Kriterium für die turbulente Strömung gewählt.

$$\frac{D_{ax,j}}{\nu_j} = 2{,}4 \cdot 10^{-1} \cdot \eta^{-1} \cdot Re_{\phi,j}^{\gamma} \cdot Re_{ax,j}^{0,25} \qquad (6.5)$$

Hier ist η das Verhältnis zwischen den Radien des Innen- und Außenzylinders, ν_j die kinematische Viskosität in der Zelle j bei der Scherrate des Reaktors, und d die Spaltbreite zwischen Zylindern. α, β und γ sind die Exponenten der Rotations-Reynoldszahl für die verschiedenen Strömungsregime. Aufgrund des nicht-newtonschen Verhaltens der Lösung aus MMA und Xylol müssen in dieser Arbeit diese drei Exponenten in den Korrelationen neu ermitteltet werden. Darum wurden die drei Korrelationen entlang der Reaktorlänge berechneten und die numerischen Umsätze an die experimentellen Daten angepasst. Tab. 6.1 vergleicht die oben genannten Exponenten für nicht-newtonsche und newtonsche Strömungen.

Tab. 6.1: Vergleich der Exponenten α, β und γ für das nicht-newtonsche und das newtonsche Fluid

Fluideigenschaft	**Wellenregime**	**Übergangsbereich**	**Turbulentes Regime**
	α	β	γ
Nicht-newtonsches Fluid	1,5	1,05	1,3
Newtonsches Fluid (Racina, 2009)	1,25	-	0,57

Der aus der Korrelation von Racina erhaltene Exponent von 1,25 für das Wellenregime stimmt mit den vorhandenen Literaturdaten gut überein, wobei Ohmura et al. (1997) Werte von 1,5 und 0,9 und Moore und Cooney (1995) einen Wert von 1,05 für den untersuchten Drehgeschwindigkeitsbereich angegeben. In Abb. 6.2 wurde gezeigt, dass nur einige wenige Messpunkte zur Wellenströmung gehören. Im Vergleich zur Übergangs- und turbulenten Strömung spielt das Wellenregime in der kontinuierlichen Polymerisation eine untergeordnete Rolle. Deshalb wurde hier für die nicht-newtonsche Strömung der Wert von 1,5 aus der Literatur übernommen, mit dem die Experimente durch die numerische Simulation sehr gut wiedergegeben werden konnten.

Im Gegensatz zum Wellenregime hängen die Dispersionskoeffizienten für das turbulente und das Übergangsregime relativ schwach von der Rotations-Reynoldszahl ab, worauf bereits in der Literatur hingewiesen wird (Ohmura et al., 1997). In der Korrelation werden momentan nicht nur die Rotations-Reynoldszahl, sondern auch die axiale Reynoldszahl berücksichtigt, weil der konvektive Stoffaustausch zwischen den Wirbelzellen mit ansteigender Drehgeschwindigkeit durch die Wellenbewegung auftritt. Abweichend von den Literaturdaten wird als Exponent für die turbulente Strömung 1,3 vorgeschlagen. Für ähnliche Zylindergrößen wurden Exponenten von 0,72 (Desmet et al., 1996) bzw. 0,85 (Tam und Swinney, 1987) angegeben. Im Gegensatz dazu kann dieser gleich 1 für die Diffusion in einer räumlich periodischen turbulenten Strömung sein (Zeldovich, 1982). Das heißt, dass der Exponent nicht unbedingt kleiner als 0,85 eingestellt werden muss. Der Exponent für den Übergangsbereich beträgt 1,05 für alle Innenzylindergrößen.

6.2.2 Entwicklung eines Viskositätsmodells

Wie bereits in Abb. 6.1 dargestellt, hängt der Massentransport zwischen den Wirbelzellen von der Viskosität der Reaktionsmischung im TCR ab. Dabei ist die Viskositätsänderung für den ganzen Modellaufbau von Bedeutung. Die Viskosität der Polymerlösung wird normalerweise von der Temperatur, der Polymerkonzentration, dem Volumenteil des Polymers, der Polymerkettenlänge etc. stark beeinflusst. In der Literatur finden sich zwei bekannte und häufig verwendete Modellansätze, etwa die von Kuhn-Mark-Houwink-Sakurada-Gleichung (Brahm, 2005) und die von Lyons und Tobolsky (1970).

In der empirisch erhaltenen Kuhn-Mark-Houwink-Sakurada-Gleichung ist die intrinsische Viskosität [μ] eine Funktion des mittleren Molekulargewichts M_w.

$$[\mu] = K_w \cdot M_w^n \tag{6.6}$$

wobei K_w eine empirische Konstante ist und n der Exponent, der die hydrodynamischen Wechselwirkungen zwischen Lösemittel und Makromolekülen beschreibt. Die intrinsische Viskosität wird bei Extrapolation der Konzentration einer verdünnten Polymerlösung auf null ($C \rightarrow 0$) und das Schergefälle zu Null ($\dot{\gamma} \rightarrow 0$) bestimmt. Sie wird häufig auch als Grenzviskosität und oder Staudinger-Index bezeichnet.

$$[\mu] = \lim_{C,\dot{\gamma} \to 0} \frac{u_{sp}}{C} \tag{6.7}$$

Die spezifische Viskosität μ_{sp} ist definiert als:

$$\mu_{sp} = \frac{\mu_0 - \mu_L}{\mu_L} \tag{6.8}$$

wobei μ_0 die dynamische Viskosität der Polymerlösung und μ_L die Viskosität des Lösemittels ist.

Mit diesem Modell kann die Viskosität der Polymerlösung mit der bekannten mittleren Molmasse bestimmt werden. Der Exponent n ist abhängig von der Temperatur, der Art des Lösemittels und der Struktur des solvatisierten Polymers. Der Zahlenwert des Exponenten liegt im Bereich zwischen 0 und 2 (Brahm, 2005).

Gleichwohl beschreibt das empirische Modell von Lyons und Tobolsky (1970) die Viskosität in Abhängigkeit der Polymerkonzentration in der Polymerlösung. Dabei gilt die folgende Korrelation:

$$\frac{\mu_{sp}}{C_{Polymer} \cdot [\mu]} = exp\left(\frac{K_H \cdot [\mu] \cdot C_{Polymer}}{1 - B \cdot C_{Polymer}} \right) \tag{6.9}$$

Hier ist K_H die Huggins Konstante und B ein Anpassungsparameter in der Korrelation.

Die Polymerkonzentration $C_{Polymer}$ wurde aus der Konzentration des Monomers wie folgt berechnet:

$$C_{Polymer} = \frac{C_M \cdot \widetilde{M}_M}{10^3 \cdot \left(1 + \zeta \frac{C_M}{C_{M,0}} \right)} \tag{6.10}$$

wobei ζ der Volumenkontraktionskoeffizient des reinen Monomers und $\widetilde{M}_M$ die Molmasse des Monomers ist.

In dieser Korrelation ist die spezifische Viskosität eine Funktion der Polymerkonzentration. Das Viskositätsmodell wurde durch Verwendung verschiedener Polymer/Lösemittel-Systeme bei verschiedenen Temperaturen und Molmassen mit unterschiedlichen Konzentrationen des Polymers geprüft

(Rink und Pavan, 2004). Dabei hat sich ergeben, dass die empirische Gleichung (Gl. 6.9) mit den notwendigen Anpassungsparametern zur Modellierung der Viskosität verwendet werden kann.

Unter der Anwendung dieses Viskositätsmodells kann die Viskosität der Polymerprobe für die kontinuierliche Polymerisation im TCR in Abhängigkeit des Umsatzes berechnet werden. Dabei wurde in dieser Arbeit eine vereinfachte Korrelation aufgestellt, welche auf Basis des empirischen Modells von Lyons und Tobolsky abgeleitet wurde. Als Annahme wurde in diesem vereinfachten Modell die intrinsische Viskosität [μ] als ein Parameter A bei verschiedenen Zylindergrößen statt der Funktion der Polymermolmasse (Gl. 6.6) betrachtet. In Gl. 6.9 wurde zunächst der Term $C_{Polymer}\cdot[\mu]$ auf die rechte Seite verschoben. Anschließend wurde Gl. 6.8 in Gl. 6.9 eingesetzt. Hierbei liegt der Anpassung der experimentellen Daten eine Exponentialfunktion zugrunde, wobei der Parameter des exponentiellen Terms aus dem Quotienten aus Polymerkonzentration und $(1-B\cdot C_{Polymer})$ besteht. Der Parameter B, sowie der vorexponentielle Faktor A, können allgemein durch Anpassung an die experimentellen Daten bestimmt werden. Die Huggins Konstante K_H ist gleich 0,65 (Curteanu und Bulacovschi, 2004). Anstelle von $C_{polymer}$ wurde die Polymermassenkonzentration durch $x_{polymer}$ ersetzt. Aus der Korrelation (Gl. 6.9) ergibt sich der modifizierte Ansatz zu:

$$\mu = \mu_L \cdot \left[1 + A \cdot x_{Polymer} \cdot exp\left(\frac{0{,}65 \cdot A \cdot x_{Polymer}}{1 - B \cdot x_{Polymer}} \right) \right] \tag{6.11}$$

Hier ist μ die dynamische Viskosität der Flüssigkeitsmischung im TCR. Die Polymermassenkonzentration $x_{Polymer}$ in der Polymerlösung wurde mit einem Lösemittelanteil von 80 Gew.-% über den Umsatz X berechnet.

$$x_{Polymer} = 0{,}2 \cdot X = 0{,}2 \cdot \left(1 - \frac{C_M}{C_{M,0}} \right) \tag{6.12}$$

Die Viskosität von Xylol μ_L beträgt in dieser Arbeit 0,2 mPas bei 80°C. Die Bestimmung der Parameter A und B wurden für die Versuche mit allen drei Größen des Innenzylinders durchgeführt.

In Abb. 6.3 sind die experimentellen Daten für den großen Innenzylinder bei der kontinuierlichen Polymerisation mit zwei Initiatorkonzentrationen von 0,05 und 0,2 Gew.-% dargestellt. Die Viskosität nimmt mit ansteigender Initiator-

beziehungsweise Polymerkonzentration zu. Die Erklärung hierzu wurde bereits in Kap. 5.5 gegeben. Es zeigt sich, dass die Initiatorkonzentration, die Scherrate und auch die Verweilzeit keine Rolle spielen. Aus diesem Grund konnten alle experimentellen Messpunkte für den großen Innenzylinder durch eine einzige Korrelation beschrieben werden. Abb. 6.3 gezeigt deutlich, dass die Korrelation mit den experimentellen Werten über den gesamten Scherratebereich und Verweilzeitbereich gut übereinstimmt. Der mittlere Fehler der Korrelation beträgt 9% für den großen Innenzylinder. Analog zum großen Innenzylinder wurden die experimentellen Ergebnisse für den kleinen Innenzylinder ausgewertet (Anhang Abb. 10.6 in Kap. 10.5).

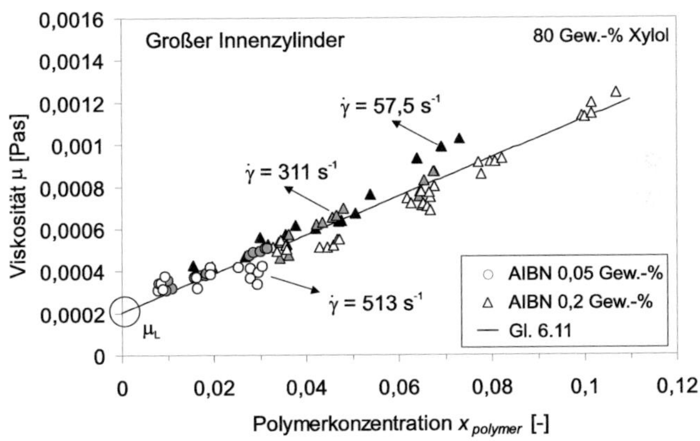

Abb. 6.3: Korrelation zwischen der Viskosität und der Polymerkonzentration bei verschiedenen Scherraten für den großen Innenzylinder und Verweilzeiten mit zwei Initiatorkonzentrationen von 0,05 und 0,2 Gew.-% in der kontinuierlichen Lösungspolymerisation von MMA (Schwarze Symbole: $\dot{\gamma}$ = 57,5 s^{-1}; Graue Symbole: $\dot{\gamma}$ = 311 s^{-1}; Weiße Symbole: $\dot{\gamma}$ = 513 s^{-1})

Tab. 6.2 zeigt die ermittelten Werte für den großen und den kleinen Innenzylinder. Hier kann der Parameter *B* negativ sein.

Tab. 6.2: Experimentell ermittelte Parameterkonstanten der empirischen Korrelation des Viskositätsmodells für den großen und den kleinen Innenzylinder

	A	***B***
Großer Innenzylinder	45	-1537
Mittlerer Innenzylinder	s. Tab. 10.4 im Anhang	
Kleiner Innenzylinder	27	-17

In dieser Arbeit wurde die Bestimmung der dynamischen Viskosität für den mittleren Innenzylinder bewusst separat untersucht, da aus experimentellen Daten ersichtlich ist, dass die Viskosität zusätzlich von der Scherrate beeinflusst wird (s. Kap. 4.4), weshalb an dieser Stelle nicht alle Versuchsdaten in einer gemeinsamen Korrelation zusammengefasst werden können. Zur Analyse der experimentellen Ergebnisse des mittleren Innenzylinders wurden zunächst die unterschiedlichen Scherraten und die verschiedenen Verweilzeiten getrennt betrachtet. Um den Viskositätsverlauf entlang der Reaktorlänge genau zu beschreiben, wurde die Korrelation an die Versuchsergebnisse angepasst und die drei Modellparameter bei der jeweiligen Scherrate berechnet. Die ermittelten Werte von A und B für den mittleren Innenzylinder sind im Anhang (Kap. 10.5) tabelliert.

6.2.3 Polymerisationskinetik

Die Vermischung und die chemische Reaktion sind sehr eng aneinander gekoppelt. Dabei wurde die hydrodynamische Aktivierung für die Polymerisationskinetik im kontinuierlichen Prozess betrachtet. Die freie radikalische Lösungspolymerisation von MMA im TCR findet nach folgenden Reaktionsmechanismen statt (Lechner et al., 2003):

$$r_{Start} = 2 \cdot F \cdot k_d \cdot C_I \tag{6.13}$$

$$r_P = k_p \cdot C_{P\cdot} \cdot C_M \tag{6.14}$$

$$r_{Ab} = k_t \cdot C_{P\cdot}^2 \tag{6.15}$$

Zur Berechnung der stationären Polymerisation kann die folgende Gleichung benutzt werden:

$$r_{Start} = r_{Ab} \tag{6.16}$$

Hier sind r_{Start}, r_P und r_{Ab} die Reaktionsgeschwindigkeiten für die Initiierung, das Kettenwachstum und die Abbruchsreaktion. $C_{P\cdot}$ ist die Konzentration der Polymerradikale in der reagierenden Polymerlösung und wurde mit Gl. 6.17 ausgerechnet:

$$C_{P\cdot} = \sqrt{2F \cdot \frac{k_d}{k_t} \cdot C_I} \tag{6.17}$$

Die Geschwindigkeit des Initiatorzerfalls kann nach oben genannten Mechanismen wie folgt beschrieben werden.

$$r_{AIBN} = \frac{dC_{AIBN}}{dt} = -k_d \cdot C_{AIBN} \tag{6.18}$$

Die Bruttopolymerisationsgeschwindigkeit wird über die Änderung der Konzentration des Monomers definiert, wenn das Monomer nicht durch andere Reaktionen, wie beispielsweise die Kettenübertragung, verbraucht wird. Die Wachstumsgeschwindigkeit kann dann der Geschwindigkeit der Monomer-abnahme gleichgesetzt werden.

$$r_P = r_{MMA} = \frac{dC_{MMA}}{dt} = -\frac{k_p}{\sqrt{k_t}} \cdot \sqrt{2 \cdot F \cdot k_d} \cdot C_{MMA} \cdot \sqrt{C_{AIBN}} \tag{6.19}$$

Im letzten Kapitel wurde gezeigt, dass der Abbruchskoeffizient k_t eine Funktion der hydrodynamischen Prozessparameter ist. Die dort aufgestellte Gleichung wird auch für den kontinuierlichen Fall verwendet.

$$k_t = -a_1 \cdot \dot{\gamma} + a_2 \cdot \exp\left(\frac{-1}{\Theta_F}\right) \tag{5.22}$$

Tab. 6.3: Kinetische Parameter für die Modellierung der kontinuierlichen Lösungs-polymerisation von MMA im TCR bei 80°C

Parameter	**Wert**	**Quelle**
$C_{MMA,0}$	1,646 mol/l	-
$C_{AIBN,0}$	0,01004 mol/l und 0,00251 mol/l	-
F	0,58	Brandrup et al., 1999
k_d	$1{,}53 \cdot 10^{-4}$ s^{-1}	Brandrup et al., 1999
k_p	1317 l/mol/s	Beuermann et al., 1997
k_t	$-5{,}1 \cdot 10^{4} \cdot \dot{\gamma} + 8{,}17 \cdot 10^{7}$	-

In Tab. 6.3 sind alle für den Modellaufbau verwendeten kinetischen Parameter als Beispiel für die Korrelation zwischen dem Abbruchskoeffizienten und der Scherrate bei einem Lösemittelanteil von 80 Gew.-% zusammengefasst.

6.2.4 Modellierung der Mikrovermischung

Um den Ablauf einer Reaktion ausgehend von den bekannten Mischbedingungen vorherzusagen, stehen in der Literatur viele Methoden zur Verfügung, mit denen die Reaktionsgeschwindigkeit unter nicht-idealen Mischbedingungen berechnet werden kann. Die Hypothese von Toor (Toor, 1962 und 1969) wurde für den Modellaufbau in dieser Arbeit ausgewählt. Diese Hypothese gilt für die Approximation der irreversiblen Reaktion zweiter Ordnung. Toor hat dabei angenommen, dass während der turbulenten Vermischung die Konzentrationsschwankungen des inerten Tracers im gesamten untersuchten Damköhler-Zahl-Bereich eine gaußsche Verteilung besitzen. Mit Berücksichtigung dieser Hypothese zu den Modellen der idealen Makrovermischung (z. B. PFR) ergibt sich eine leicht anwendbare Methode zur Bewertung des Einflusses der Vermischung auf den Verlauf einer einfachen chemischen Reaktion (Baldyga und Bourne, 1999).

Mit Hilfe der Hypothese von Toor lässt sich der Konzentrationsverlauf über der Zeit für den einfachen Fall einer Reaktion zweiter Ordnung für ein konkurrierendes Reaktionssystem, in dem beispielsweise zwei Stoffkomponenten A und B enthalten sind, wie folgt darstellen (Baldyga und Bourne, 1999):

$$\frac{d\overline{C}_A}{dt} = -k \cdot \left(\overline{C}_A \cdot \overline{C}_B - I_s^2(t) \cdot \overline{C}_{A0} \cdot \overline{C}_{B0}\right) \tag{6.20}$$

Hierbei ist I_s der Segregationsgrad, der die Homogenität einer Mischung beschreibt (Danckwerts, 1952). Um die Berechnung mit dieser Gleichung durchzuführen, muss die Änderung des Segregationsgrads mit der Zeit bekannt sein.

Um den Einfluss der Mikrovermischung auf die kontinuierliche Polymerisation im TCR zu erfassen, wurde das Mischungsmodell von Toor weiterentwickelt. Hierzu wurde zunächst erneut die Polymerisationskinetik betrachtet. Mit Berücksichtigung des gesamten Reaktionssystems wird die freie radikalische Polymerisation in der Literatur normalerweise als eine Reaktion erster Ordnung angenommen (Brahm, 2005). Im Gegensatz dazu stimmt jedoch diese Annahme für die einzelnen Reaktionsschritte nicht, weil Wachstums- und Abbruchsreaktion Reaktionen zweiter Ordnung sind (Gln. 6.14 und 6.15). Nur der Initiatorzerfall ist eine Reaktion erster Ordnung (Gl. 6.13). Im Rahmen dieser Arbeit wurde die Reaktionskinetik für jeden einzelnen Polymerisationsschritt berechnet. Dabei wurde der Verlauf der Monomerkonzentration wie folgt neu ausgedrückt:

$$\frac{d\overline{C}_{MMA}}{dt} = -k_p \cdot \left(\overline{C}_{MMA} \cdot \overline{C}_{P\cdot} - I_s^2 \cdot \overline{C}_{MMA,0} \cdot \overline{C}_{P\cdot,0} \right) \tag{6.21}$$

Der Segregationsgrad I_s, der für das untersuchte Polymerisationssystem unbekannt ist, hängt vom Verhältnis der charakteristischen Reaktionszeit t_r zur Mikromischzeit t_μ (Baldyga und Pohorecki, 1995) ab. Dabei ergibt sich folgende Korrelation zwischen dem Segregationsgrad und t_r/t_μ (Villermaux et al., 1983 und 1986):

$$\frac{1 - I_s^2}{I_s^2} = a \cdot \left(\frac{t_r}{t_\mu} \right)^b \tag{6.22}$$

wobei a und b die Korrelationsparameter sind, die durch Anpassung des Modells an die experimentellen Daten bestimmt werden können. Wenn die Dichtefunktion PDF (Probability Density Function) am Anfang nicht gaußverteilt ist, gibt es eine große Abweichung bei der Modellierung mit der Hypothese von Toor. Tatsächlich besitzt die PDF am Anfang eine bimodale Verteilung in einem Reaktor mit dem typisch unvorgemischten Feed (Baldyga und Bourne, 1999). Deshalb ist es nicht möglich, eine beliebige, einfache Momentenmethode für eine beliebige Damköhler-Zahl zu finden. Das heißt, dass die Modellparameter a und b nicht konstant bei verschiedenen Verweilzeiten sind (Baldyga und Bourne, 1999).

6.2.4.1 Charakteristische Reaktionszeit

Die charakteristische Reaktionszeit entspricht der Zeit, die die Reaktion mit der an einem charakteristischen Punkt ermittelten Reaktionsgeschwindigkeit vom Anfang bis zum Ende benötigt. Dabei beschreibt die charakteristische Reaktionszeit, wie schnell sich das Reaktionssystem nach einer sprungartigen Störung des Gleichgewichts ein neues Gleichgewicht wieder einstellt. Für eine irreversible Reaktion m-ter Ordnung ($m \neq 1$) lautet die Beziehung zur Berechnung der charakteristischen Reaktionszeit wie folgt (Baerns et al., 2006):

$$\frac{dC}{dt} = -k \cdot C^m \tag{6.23}$$

Die Reaktionsgeschwindigkeit als Funktion der Reaktantenkonzentration ist schon bekannt. Dabei kann der Konzentrationsverlauf von der Reaktionszeit t_R durch Integration nach Gl. 6.23 berechnet werden. Die Integration in angegebenen Grenzen

$$\int_{C_0}^{C} \frac{dC}{C^m} = -k \cdot \int_{t=0}^{t_R} dt \tag{6.24}$$

ergibt

$$\left(\frac{C}{C_0}\right)^{1-m} = 1 + (m-1) \cdot k \cdot C_0^{m-1} \cdot t_R \tag{6.25}$$

Hierbei wurde die charakteristische Reaktionszeit t_r als Funktion der kinetischen Konstante und der Anfangskonzentration definiert:

$$t_r = \frac{1}{k \cdot C_0^{m-1}} \tag{6.26}$$

Wenn man Gl. 6.26 in Gl. 6.25 einsetzt, kann die Reaktionskinetik durch das Verhältnis von t_R zu t_r wie folgt formuliert werden:

$$\left(\frac{C}{C_0}\right)^{1-m} = 1 + (m-1)\frac{t_R}{t_r} \tag{6.27}$$

Gehört die Reaktion zur ersten Ordnung ($m = 1$), sieht ein kinetischer Ausdruck so aus:

$$\frac{dC}{dt} = -k \cdot C \tag{6.28}$$

Die Integration von Gl. 6.28 führt zu

$$\frac{C}{C_0} = exp(-k \cdot t_R) \tag{6.29}$$

Für die Reaktion erster Ordnung ist die charakteristische Reaktionszeit als Kehrwert der Reaktionskonstante dargestellt.

$$t_r = \frac{1}{k} \tag{6.30}$$

Einsetzen von Gl. 6.30 in die Lösung der Differentialgleichung (Gl. 6.29), ergibt die Konzentrationsänderung als Exponentialfunktion des Verhältnisses von t_R zu t_r.

$$\frac{C}{C_0} = exp\left(\frac{t_R}{t_r}\right) \tag{6.31}$$

Schlussendlich wurden Gln. 6.26 und 6.30 in einer allgemeinen Form zusammengefasst.

$$t_r = \frac{1}{k \cdot C_0^{m-1}} \tag{6.32}$$

Hierbei ist m die Reaktionsordnung.

Zur Berechnung der charakteristischen Reaktionszeit der Polymerisation müssen zwei zentrale Fragen geklärt werden: Welche Ordnung hat die Reaktion und welche kinetische Konstante sollte dabei in der oben genannten Gleichung verwendet werden? Um diese Fragen zu beantworten wurde in dieser Arbeit die charakteristische Reaktionszeit als die Zeit definiert, in welcher die Addition eines einzelnen Monomers an ein Polymerradikal bei der Polymerisation im TCR geschieht. Dabei wurde die Kettenwachstumskonstante k_p zur Berechnung verwendet. Als Arbeitshypothese wurde die Polymerisation als Reaktion zweiter Ordnung angenommen.

$$t_r = \frac{1}{k_p \cdot C_{MMA,0}} \tag{6.33}$$

Ob die Arbeitshypothese richtig ist, wurde an dieser Stelle durch einen Vergleich der rechnerischen und experimentellen Ergebnisse überprüft. Nach der Reaktion erster Ordnung wurde die Gleichung von Matyjaszewski (Matyjaszewski et al., 1997), in der der Umsatz des Monomers eine lineare Funktion der Reaktionszeit ist, hergeleitet (Hähnel, 2011).

$$ln\left(\frac{1}{1-X}\right) = k_{app} \cdot t = \left(k_p \cdot C_{P.}\right) \cdot t \tag{6.34}$$

Hier ist k_{app} der gemessene Geschwindigkeitskoeffizient der Polymerisation. Damit sollte der experimentell ermittelte, logarithmische Umsatzverlauf bei Auftragung gegen die Reaktionszeit eine Gerade ergeben, aus deren Steigung k_{app} bestimmt werden kann. Dabei konnte die Zeit, die die Addition eines einzelnen Monomers an ein Polymerradikal braucht, berechnet werden. Die Rechenwege sind im Anhang (Kap. 10.6) erläutert. Diese Vorgehensweise stimmt auch mit Gl. 6.33 überein. Dagegen ist die Steigung im gemessenen Umsatz-Zeit-Diagramm nicht konstant, sondern nimmt mit ansteigendem Umsatz ab. Das heißt, dass schon nach kurzer Zeit weniger Monomermoleküle an die gleiche Zahl von Polymerradikalen addiert werden, wodurch sich die charakteristische Reaktionszeit verlängert. Die aus Gl. 6.33 berechnete Steigung ist also die an dem kritischen Umsatz ($X = 0$) gemittelte Anfangssteigung der Polymerisation.

Mittels des Simulationsprogramms Predici® kann die Batch-Polymerisation im TCR wiedergegeben werden. Abb. 6.4 zeigt anhand der numerischen Ergebnisse, dass sich die charakteristische Reaktionszeit im Verlauf der Reaktion verlängert, aber nur deswegen, weil die Monomerkonzentration abnimmt, während die Radikalkonzentration konstant bleibt. Aus diesem Grund wurde für die kontinuierliche Polymerisation im TCR die charakteristische Reaktionszeit mit Gl. 6.33 und $k_p = 1317$ l/mol/s beim Umsatz $X = 0$ berechnet.

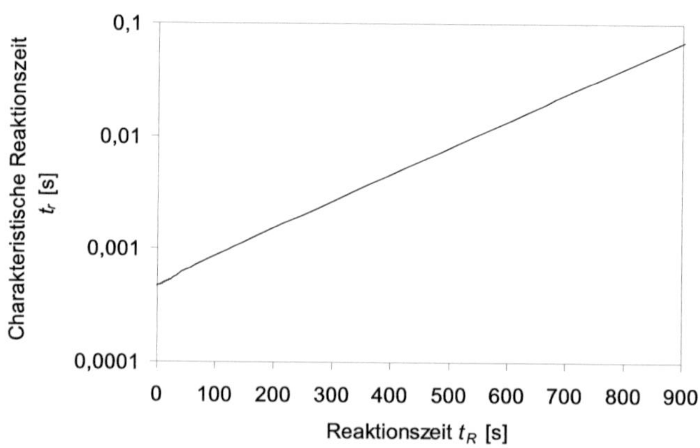

Abb. 6.4: Numerisch berechnete charakteristische Reaktionszeit als Funktion der Reaktionszeit für die Polymerisation von MMA mit 80 Gew.-% Xylol und 0,2 Gew.-% AIBN bei 80°C in einem Batch-Reaktor. Die Monomerkonzentration beträgt 1,65 mol/l

6.2.4.2 Korrelation der Mikromischzeit

Die turbulente Mikrovermischung ist der Prozess, bei dem sich die Umgebungsflüssigkeit in den kleinsten vorhandenen Turbulenzwirbeln vermischt, so dass die durch Dehnung, Deformation und Diffusion abgebauten letzten Konzentrationsunterschiede die Polymerisationsgeschwindigkeit nicht beschränkt. Die charakteristische Zeit für die Mikrovermischung ist durch das Verhältnis der kinematischen Viskosität zur lokalen Energiedissipationsrate gegeben (siehe u. a. Geisler et al. 1986).

$$t_\mu = \sqrt{\frac{\nu}{\varepsilon}} \tag{6.35}$$

Die Korrelation zur Berechnung der lokalen Energiedissipationsrate in einem TCR wurde von Racina (Racina und Kind, 2006) entwickelt, hängt bei der die Energiedissipationsrate von der Reaktorgeometrie und der Drehleistung ab. Hier wurde angenommen, dass die folgende Korrelation auch für die Berechnung der mittleren Energiedissipationsrate $\overline{\varepsilon}_j$ in jeder Wirbelzelle j des TCRs gilt.

$$\overline{\varepsilon}_j = \frac{G_j \cdot \nu_j^2 \cdot \omega}{\pi \cdot d \cdot (R_o + R_i)} \tag{6.36}$$

und damit

$$t_{\mu,j} = \sqrt{\frac{\nu_j}{\overline{\varepsilon}_j}} \tag{6.37}$$

Dabei ist G_j das individuelle dimensionslose Drehmoment der Wirbelzelle j. Das dimensionslose Drehmoment G beschreibt, wie viel Energie in die Strömung durch die Drehbewegung des Innenzylinders im TCR eingetragen wird (Racina, 2009). R_o und R_i sind die Radien des Außen- und Innenzylinders, und d ist die Spaltbreite zwischen den beiden Zylindern. Gemäß der oben genannten Annahme konnte das dimensionslose Drehmoment in Abhängigkeit der Reaktorgeometrie und der Rotations-Reynoldszahl mit Hilfe der folgenden zwei Korrelationen beschrieben werden (Racina und Kind, 2006).

$$G_j = 2{,}13 \frac{\eta^{3/2}}{(1-\eta)^{7/4}} \cdot Re_{\phi,j}^{1{,}445} \qquad (800 < Re_\phi < 10^4) \tag{6.38}$$

$$G_j = 0{,}113 \frac{\eta^{3/2}}{(1-\eta)^{7/4}} \cdot Re_{\phi,j}^{1,764} \qquad (10^4 < Re_\phi < 3{,}4 \cdot 10^4) \tag{6.39}$$

6.2.5 Modellierungsprozedur

Wird die Makrovermischung in einem reagierenden Stoffsystem durch ein axiales Dispersionsmodell beschrieben, dann lautet die Komponentenbilanz in einem eindimensionalen konvektiven Reaktor mit Berücksichtigung des Effekts der Makrovermischung in der axialen Richtung wie folgt:

$$\frac{\partial C}{\partial t} = D_{ax} \cdot \frac{\partial^2 C}{\partial z^2} - u_{ax} \cdot \frac{\partial C}{\partial z} + r \tag{6.40}$$

Hier ist u_{ax} die Strömungsgeschwindigkeit in axialer Richtung (Koordinate z), und r die Reaktionsrate. Aber die Strömungsstruktur in einem TCR ist über Gl. 6.40 nicht vollständig dargestellt, weil die Kontinuität in der Strömungsrichtung für die Rohrströmung nicht gegeben ist. Deshalb kann das Dispersionsmodell für die Modellierung der kontinuierlichen Polymerisation im TCR nicht direkt übernommen werden. Das Modell wurde so modifiziert, dass die Wirbelzellen einer Diskretisierung des Modells entsprechen. Die Strömung wurde in Abschnitte mit der Länge einer Wirbelzelle d aufgeteilt und jede Wirbelzelle als ein einzelner, ideal rückvermischter Reaktor j (also CSTR) betrachtet, in dem der Stofftransport mittels Dispersion und Konvektion stattfindet. Eine räumlich diskretisierte Gleichung für die Konzentrationsänderung über der Zeit sieht wie folgt aus:

$$\frac{\partial C_j}{\partial t} = D_{ax} \cdot \frac{C_{j-1} - 2C_j + C_{j+1}}{d^2} - u_{ax} \cdot \frac{C_j - C_{j-1}}{d} + r_j \tag{6.41}$$

Nach dem Zellenmodell wurde die Massenbilanz in einer beliebigen Zelle j mit dem Rückvermischungsfaktor f, der als der Bruchteil an Rückvermischung definiert ist, umformuliert (Croockewit et al., 1955).

$$\frac{\partial C_j}{\partial t} = \frac{1}{t_V} \cdot \left[(1+f) \cdot C_{j-1} + f \cdot C_{j+1} - (1+2f) \cdot C_j\right] + r_j \tag{6.42}$$

mit

$$f = \frac{\dot{V}_{Rück}}{\dot{V}} \tag{6.43}$$

wobei $\dot{V}$ der axiale Volumenstrom ist, der in allen Wirbelzellen gleich ist.

Subtrahieren der Diskretisierungsgleichung (Gl. 6.41) mit Gl. 6.42, ergibt

$$\left(\frac{D_{ax}}{d^2}+\frac{u_{ax}}{d}-\frac{1+f}{t_V}\right)\cdot C_{j-1}-\left(\frac{2D_{ax}}{d^2}+\frac{u_{ax}}{d}+\frac{1+2f}{t_V}\right)\cdot C_j+ \left(\frac{D_{ax}}{d^2}+\frac{f}{t_V}\right)\cdot C_{j+1}=0 \tag{6.44}$$

Die Voraussetzung ist, dass in Gl. 6.44 die Konzentration an dieser Stelle nicht gleich null ist. Wenn alle Vorfaktoren der Konzentration gleich null sind, gilt die folgende Bedingung:

$$\begin{cases} \dfrac{D_{ax}}{d^2}+\dfrac{u_{ax}}{d}-\dfrac{1+f}{t_V}=0 \\ \dfrac{2D_{ax}}{d^2}+\dfrac{u_{ax}}{d}+\dfrac{1+2f}{t_V}=0 \\ \dfrac{D_{ax}}{d^2}-\dfrac{f}{t_V}=0 \end{cases} \tag{6.45}$$

Durch die Lösung dieses Gleichungssystems können der Dispersionskoeffizient D_{ax} und die axiale Geschwindigkeit u_{ax} berechnet werden.

$$D_{ax}=\frac{f\cdot d^2}{t_V} \tag{6.46}$$

und

$$u_{ax}=\frac{d}{t_V} \tag{6.47}$$

Aufgrund der individuellen Viskosität in jeder Zelle j ist die Rückvermischung f nicht für den gesamten betrachten TCR identisch. Deshalb muss die Differentialgleichung in Gl. 6.42 umformuliert werden, damit die Vermischung bei der kontinuierlichen Polymerisation im TCR besser beschrieben werden kann. Dabei wurde zuerst die Massenstrombilanz für den instationären Fall in einer beliebigen Zelle j (vgl. Abb. 6.1) neu aufgestellt.

$$V_{Zelle} \cdot \frac{\partial C_j}{\partial t} = \left(1 + f_{j-1}\right) \cdot C_{j-1} \cdot \dot{V} + f_j \cdot C_{j+1} \cdot \dot{V} - \left(1 + f_{j-1} + f_j\right) \cdot C_j \cdot \dot{V} - R_j \qquad (6.48)$$

Hierbei ist $\dot{V}$ der axiale Volumenstrom, der in allen Wirbelzellen gleich ist, und R_j die Reaktionsgeschwindigkeit. V_{Zelle} wird als das Volumen einer Wirbelzelle definiert. Dabei wird angenommen, dass V_{Zelle} aller Zellen bei einer bestimmten Größe des Innenzylinders gleich ist. Die Gleichung für die Konzentration in einer beliebigen Zelle j wurde dann mit Hilfe der Massenbilanz wie folgt umformuliert.

$$\frac{\partial C_j}{\partial t} = \frac{\left(1 + f_{j-1} + f_j\right) \cdot \dot{V}}{V_{Zelle}} \cdot \left[\frac{\left(1 + f_{j-1}\right) \cdot C_{j-1} + f_j \cdot C_{j+1}}{\left(1 + f_{j-1} + f_j\right)} - C_j \right] + r_j \qquad (6.49)$$

Hierbei ist r_j die volumenbezogene Reaktionsgeschwindigkeit für die Zelle j. Um die Gleichung einfacher dazustellen, wurde noch ein Parameter t_V definiert, welcher die volumetrische Verweilzeit der Strömung in einer Wirbelzelle j darstellt, die aus dem axialen Volumenstrom, dem Zellenvolumen und den Rückvermischungsfaktoren berechnet werden kann.

$$t_{V,j} = \frac{V_{Zelle}}{\left(1 + f_{j-1} + f_j\right) \cdot \dot{V}} \qquad (6.50)$$

Wenn man Gl. 6.49 in Gl. 6.50 einsetzt, sieht die Differentialgleichung für die Konzentration wie folgt aus:

$$\frac{\partial C_j}{\partial t} = \frac{1}{t_{V,j}} \cdot \left[\frac{\left(1 + f_{j-1}\right) \cdot C_{j-1} + f_j \cdot C_{j+1}}{\left(1 + f_{j-1} + f_j\right)} - C_j \right] + r_j \qquad (6.51)$$

Da die Rückvermischung in der einzelnen Zelle nicht gleich ist, wurde der axiale Dispersionskoeffizient für eine beliebige Zelle j wie folgt definiert:

$$D_{ax,j} = \frac{f_j \cdot d^2}{t_{V,j}} \qquad (6.52)$$

In dieser Arbeit wurden alle experimentellen Daten bei der kontinuierlichen Polymerisation von MMA im TCR im stationären Zustand bestimmt. Dabei muss die linke Seite der Gl. 6.51 gleich null sein.

$$0=\frac{1}{t_{V,j}}\cdot\left[\frac{\left(1+f_{j-1}\right)\cdot C_{j-1}+f_j\cdot C_{j+1}}{\left(1+f_{j-1}+f_j\right)}-C_j\right]+r_j \tag{6.53}$$

Gemäß der Betrachtung der Polymerisationsmechanismen wurden die Geschwindigkeiten für den Initiatorzerfall (Gl. 6.13) und die Wachstumsgeschwindigkeit (Gl. 6.14) in Gl. 6.53 eingesetzt. Schließlich wurden die Bilanzgleichungen für die Initiatorkonzentration (Gl. 6.54) beziehungsweise die MMA-Konzentration (Gl. 6.56) in einer beliebigen Zelle j wie folgt beschrieben.

$$\begin{pmatrix}\left(1+f_{j-1}\right)\cdot C_{AIBN,j-1}-\left(1+f_{j-1}+f_j\right)\cdot\left(1+2F\cdot k_d\cdot t_{V,j}\right)\cdot C_{AIBN,j}+\\ f_j\cdot C_{AIBN,j+1}\end{pmatrix}=0 \tag{6.54}$$

$$\begin{pmatrix}\left(1+f_{j-1}\right)\cdot C_{MMA,j-1}-\left(1+f_{j-1}+f_j\right)\cdot\left(1+k_p\cdot C_{P\cdot,j}\cdot t_{V,j}\right)\cdot C_{MMA,j}+\\ f_j\cdot C_{MMA,j+1}\end{pmatrix}=0 \tag{6.55}$$

Durch den Vergleich zwischen Gln. 6.55 und 6.21 mit Berücksichtigung der Hypothese von Toor, die aussagt, dass in einem idealen Mischer für eine schnelle, irreversible Reaktion zweiter Ordnung die mittleren Produktkonzentrationsschwankungen vom Zerfallsgesetz abhängen, kann die folgende Komponentenbilanz für die MMA-Konzentration in der Zelle j abgeleitet werden:

$$N_1\cdot\overline{C}_{MMA,j-1}-N_2\cdot\overline{C}_{MMA,j}+N_3\cdot\overline{C}_{MMA,j+1}=0 \tag{6.56}$$

N_1, N_2 und N_3 wurden für die bessere Übersicht der Gl. 6.56 als Vorfaktoren definiert.

$$N_1=\begin{pmatrix}\left(1+f_{j-1}\right)\cdot\left(1+f_{j-1}+f_j\right)+t_{V,j}\cdot k_p\cdot I_{s,j}\cdot\left(1+f_{j-1}\right)^2\cdot\overline{C}_{P\cdot,j-1}+\\ t_{V,j}\cdot k_p\cdot I_{s,j}\cdot f_j\cdot\left(1+f_{j-1}\right)\cdot\overline{C}_{P\cdot,j+1}\end{pmatrix} \tag{6.57}$$

$$N_2=\left(1+f_{j-1}+f_j\right)^2\cdot\left(1+t_{V,j}\cdot k_p\cdot\overline{C}_{P\cdot,j}\right) \tag{6.58}$$

und

$$N_3 = \begin{pmatrix} f_j \cdot (1 + f_{j-1} + f_j) + t_{V,j} \cdot k_p \cdot I_{s,j} \cdot f_j \cdot (1 + f_{j-1}) \cdot \overline{C}_{P\cdot,j-1} + \\ t_{V,j} \cdot k_p \cdot I_{s,j} \cdot f_j^2 \cdot \overline{C}_{P\cdot,j+1} \end{pmatrix} \tag{6.59}$$

mit

$$\overline{C}_{P\cdot,j} = \sqrt{2F \cdot \frac{k_d}{k_t} \cdot \overline{C}_{I,j}} \tag{6.60}$$

Somit können mittels der Stationaritätsbedingung aus Gl. 6.16 die Konzentrationen des Initiators (Gl. 6.54) und des Monomers (Gl. 6.55) für jede Wirbelzelle numerisch berechnet werden. Mit Hilfe der Viskositätskorrelation beziehungsweise der Korrelationen für die Makro- und Mikrovermischung wurden die Vermischungsparameter, wie beispielsweise der axiale Dispersionskoeffizient und die Makro- und Mikromischzeiten, im Reaktor ermittelt. Die obigen Korrelationen wurden zusammen mit den Prozessparametern zum Aufbau des Modells für die Polymerisation von MMA im kontinuierlich betriebenen Taylor-Couette Reaktor verwendet. Als Randbedingung wurde hier eine Monomerkonzentration von C_{MMA0} = 1,64 mol/l in der ersten Wirbelzelle j = 1 eingestellt. Weiterhin wurde angenommen, dass sich in der Strömung im Pufferraum im unteren Teil des TCRs ein großer Wirbel ausbildet. Dabei wurde der Pufferraum in der Modellierung immer als die erste Wirbelzelle bezeichnet und im Modell separat simuliert.

6.3 Einfluss der Prozessparameter auf das Mischungsmodell

Nach dem Aufbau des Vermischungsmodells mit Berücksichtigung von Reaktionskinetik und Viskositätsänderung, wurden für die kontinuierliche Polymerisation im TCR weiterhin die Modellparameter a und b, die in der Beschreibung der Mikrovermischung eingeführt wurden, und der Einfluss der Prozessparameter und der Reaktorgeometrie diskutiert.

6.3.1 Bestimmung der Modellparameter

In Abb. 6.5 sind zunächst die experimentell ermittelten Umsatzverläufe des Polymers entlang der Reaktorlänge bei verschiedenen Scherraten für den großen Innenzylinder und die axialen Volumenströme für die Polymerisation von MMA mit einer Initiatorkonzentration von 0,05 Gew.-% in einem kontinuierlich betriebenen TCR dargestellt.

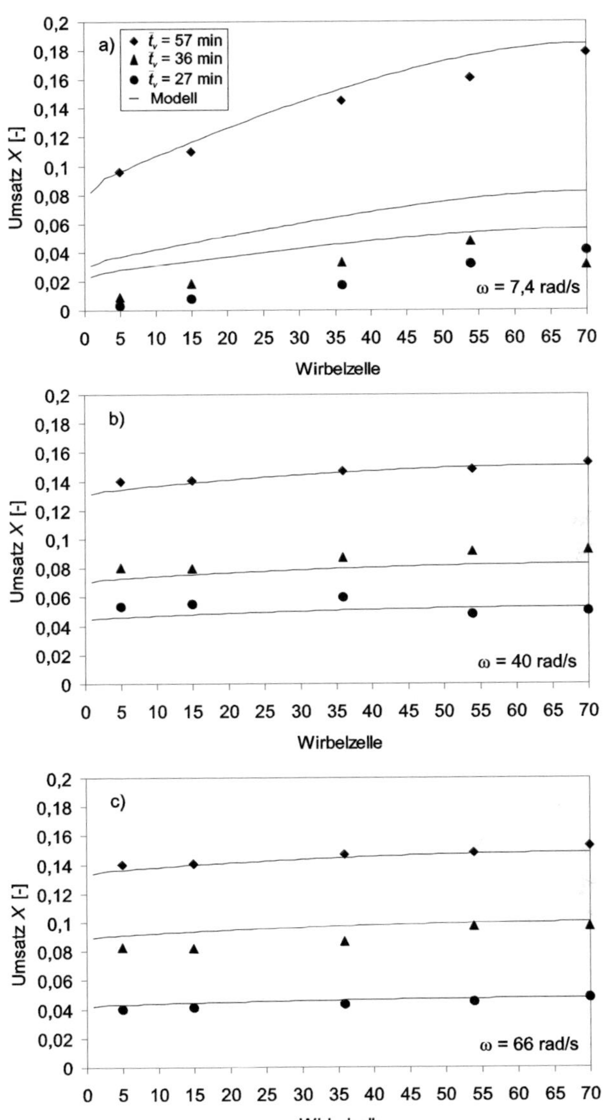

Abb. 6.5: Experimentell ermittelte Umsätze über der Wirbelzellen entlang der TCR-Länge und Berechnung über das Mischungsmodell mit den Modellparametern a und b bei drei verschiedenen Scherraten für den großen Innenzylinder von a) 58 s^{-1}, b) 311 s^{-1} und c) 513 s^{-1} in der kontinuierlichen Polymerisation mit einer Initiatorkonzentration von 0,05 Gew.-%

Die mittlere Verweilzeit für den ganzen Reaktor beträgt $\bar{t}_V$ = 57, 36 und 27 min für Eintrittsvolumenströme von 700, 1100 und 1500 ml/h. Prinzipiell wird der Umsatzverlauf bei gleicher Scherrate von der mittleren Verweilzeit beeinflusst. Dabei spielt die Vermischung eine große Rolle. Wie zum Beispiel in Abb. 6.5a gezeigt, nimmt der Umsatz im untersuchten Bereich mit ansteigender mittlerer Verweilzeit zu. Eine hohe mittlere Verweilzeit bedeutet, dass die reagierende Flüssigkeitsmischung langsam den Reaktor durchströmt. Dabei steht genügend Zeit zur Verfügung, um in jeder Wirbelzelle eine gute Vermischung zu erzielen.

Als Ergebnis davon polymerisiert das Monomer homogener als bei dem Fall mit der kleinen mittleren Verweilzeit. Außerdem ist bei der Scherrate von 58 s^{-1} und der mittleren Verweilzeit von 57 min die Zunahme des Umsatzes deutlich schneller als in den anderen Fällen. Die Ursache liegt in dem bei niedriger Scherrate schlechten Massentransport zwischen den Wirbelzellen für die Makrovermischung. In axialer Richtung benötigt das reagierende Stoffsystem eine lange Zeit, um einen homogenen Zustand zu erreichen. Deshalb ergibt sich ein großer Unterschied im Umsatz zwischen Reaktoranfang und Reaktorende. Im Gegensatz dazu zeigen sich bei den anderen höheren Scherraten relativ flache Umsatzverläufe. Dabei wird der Einfluss der mittleren Verweilzeit mit zunehmender Scherrate immer kleiner. Jedoch entspricht dieses Phänomen auch den theoretischen Grundlagen. Je höher die Scherrate (die Rotationsgeschwindigkeit des Innenzylinders) ist, desto besser kann ein Taylor-Couette Reaktor als ein kontinuierlicher Rührkessel (CSTR) approximiert werden, während er bislang immer als Rohrreaktor betrachtet wurde (Imamura et al., 1993; Levenspiel, 1999).

Tab. 6.4: Experimentell bestimmte Modellparameter a und b aus Gl. 6.22 für den großen Innenzylinder bei verschiedenen Verweilzeiten in der kontinuierlichen Polymerisation mit einer Initiatorkonzentration von 0,05 Gew.-%

Mittlere Verweilzeit [min]	***a***	***b***
57	1,52	-0,481
36	1,063	0,301
27	0,553	-0,491

Zusätzlich sind die numerischen Ergebnisse in Abb. 6.5 aufgetragen. Die zwei Modellparameter *a* und *b* für die Korrelation des Segregationsgrades in der Mikrovermischung wurden durch Anpassung an die experimentell ermittelten

Umsatzverläufe bestimmt und sind in Tab. 6.4 dargestellt. Damit stimmt das angepasste Vermischungsmodell mit den Umsätzen bei hohen Scherraten sehr gut überein, während sich eine kleine Abweichung bei der niedrigen Scherrate von 58 s^{-1} ergibt. Der Grund hierfür ist darin zu suchen, dass bei $\dot{\gamma} = 58\ s^{-1}$ (dementsprechend $\omega = 7{,}4$ rad/s) die Strömung im Übergangsbereich liegt, so dass Vermischungs- und Strömungsverhalten schwer simuliert werden können. In diesem Modell sind die beiden Parameter a und b nicht abhängig von der Scherrate. In der Literatur haben Meyer und Renken (1990) mit dem gleichen Mikrovermischungsmodell die Polymerisation von Styrol in einem turbulenten Rohrreaktor mit statischen Mischern simuliert.

Durch die Anpassung an ihre experimentellen Ergebnisse hängt der Parameter a vom Typ des statischen Mischers ab. Für b wurde derselbe Wert für alle Versuche erhalten, weil der Einfluss der Verweilzeit auf dieses Modell nach Meyer und Renken (1990) vernachlässigt wird. Hier wird angenommen, dass a und b bei den gleichen Versuchsbedingungen nur von der mittleren Verweilzeit beeinflusst werden. Dabei reduziert sich der Zahlwert des Parameters a an dieser Stelle mit abnehmender mittlerer Verweilzeit.

Abb. 6.6 zeigt, dass der Umsatz des Monomers eine Funktion der Wirbelzelle bei gleicher Reaktorlänge für alle drei Innenzylinder ist. Diese Versuchsreihe wurde bei den verschiedenen Scherraten und axialen Volumenströmen mit einer Initiatorkonzentration von 0,2 Gew.-% durchgeführt. Die Volumenströme 700, 1100 und 1500 ml/h entsprechen mittleren Verweilzeiten von 159, 141 und 74 min für den kleinen, und 112, 71 und 52 min für den mittleren Innenzylinder. Im Vergleich zum Versuch mit einer Initiatorkonzentration von 0,05 Gew.-% sind die Umsätze bei diesen Versuchen deutlich höher. Weiterhin ist zu beobachten, dass je breiter der Spalt im TCR ist, desto höher ist der Umsatz, der bei gleicher Verweilzeit erhalten wird, weil sich die größten Wirbelzellen im TCR bei dem kleinsten Innenzylinder ausbilden. Dabei ist die mittlere Verweilzeit größer als bei den mittleren und großen Innenzylindern. In diesem Fall ist es möglich, eine gute Vermischung innerhalb einer Wirbelzelle bei identischer Rotationsgeschwindigkeit zu erreichen.

Für den kleinen und mittleren Innenzylinder ist die gleiche Tendenz wie bei dem großen Innenzylinder zu beobachten und die Zunahme des Umsatzverlaufs ist bei der niedrigen Scherrate am schnellsten. Danach wurde der Umsatzverlauf entlang der Reaktorlänge numerisch berechnet. Mittels dieses Vermischungsmodells können die experimentellen Umsätze durch die Simulation gut wiedergegeben werden. Die angepassten Modellparameter a und b sind in Tab. 6.5 aufgeführt. Das numerische Ergebnis stimmt für den großen Innenzylinder mit den Experimenten gut überein, während wieder ähnliche Abweichungen bei niedrigen Scherraten für den kleinen und mittleren Innenzylinder beobachtet werden, besonders wenn die Verweilzeit größer als 100 min ist.

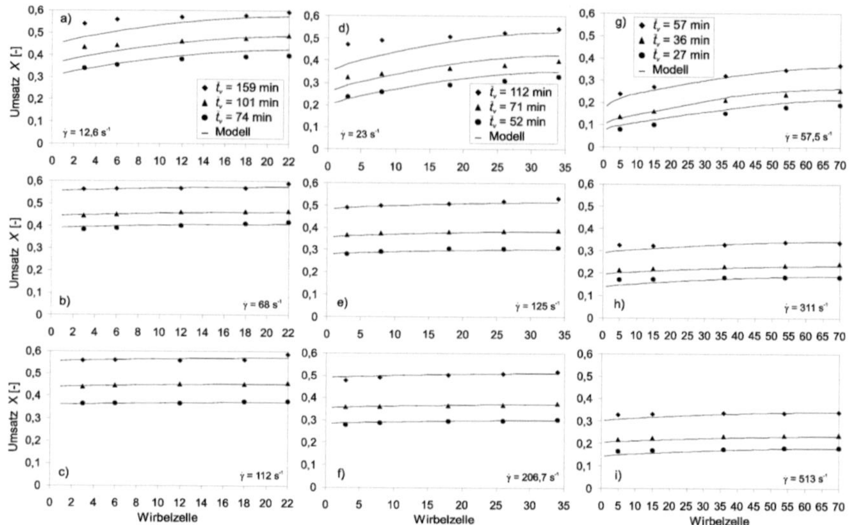

Abb. 6.6: Experimentell ermittelte Umsätze über der Wirbelzellen entlang der TCR-Länge und Berechnung über das Mischungsmodell mit den Modellparametern a und b bei drei verschiedenen Rotationsgeschwindigkeiten von a), d), g) 7,4 rad/s, b), e), h) 40 rad/s und c), f), i) 66 rad/s für den a), b) c) kleinen, d), e), f) mittleren und g), h), i) großen Innenzylinder in der kontinuierlichen Polymerisation mit einer Initiatorkonzentration von 0,2 Gew.-%

Mit diesem Modell ist es schwierig, die kontinuierliche Polymerisation im TCR bei einer niedrigen Scherrate und hohen mittleren Verweilzeiten ($\bar{t}_V > 100$ min) zu simulieren. Auch die Parameter a und b sind verschiedenen mittleren Verweilzeiten für die unterschiedlichen Reaktorgeometrien in Tab. 6.5 dargestellt.

Bei den mittleren und großen Innenzylindern nimmt der Parameter a mit abnehmender mittlerer Verweilzeit ab, und für den kleinen und mittleren Zylinder steigt b mit abnehmender mittlerer Verweilzeit an. Die Tendenz gilt aber nicht für den kleinen Innenzylinder, weil die hohe mittlere Verweilzeit zu Schwankungen in den Versuchen führt. Die beiden Parameter a und b hängen jedoch von der Initiatorkonzentration bei gleicher mittlerer Verweilzeit ab. Im Vergleich zu den Werten aus Tab. 6.4 müssen die Parameter für die Konzentration von 0,2 Gew.-% durch Anpassung neu ermitteltet werden, da ihr Einfluss auf das Vermischungsmodell stark ausgeprägt ist.

Tab. 6.5: Experimentell bestimmte Modellparameter für die drei unterschiedlichen Innenzylinder bei verschiedenen Verweilzeiten in der kontinuierlichen Polymerisation mit einer Initiatorkonzentration von 0,2 Gew.-%

Durchmesser des Innenzylinders [mm]	Mittlere Verweilzeit [min]	Drehgeschwindigkeit des Innenzylinders [rad/s]	*a*	*b*
63	159	7,4 40 66	0,45	-1,92
	101	7,4 40 66	0,602	-1,234
	74	7,4 40 66	0,299	-1,724
75,8	112	7,4 40 66	2,025	-1,41
	71	7,4 40 66	1,21	-0,83
	52	7,4 40 66	1,17	-0,54
88,6	57	7,4 40 66	5,19	-1,523
	36	7,4 40 66	2,84	-0,665
	27	7,4 40 66	2,53	-0,847

6.3.2 Einfluss der Reaktorgeometrie auf die Modellparameter

Es ist bereits bekannt, dass die beiden Parameter *a* und *b* abhängig von der Reaktorgeometrie sind. Um den Einfluss der Größe des Innenzylinders quantitativ zu ermitteln, wurde die Versuchsreihe mit drei gleichen mittleren Verweilzeiten bei unterschiedlichen Drehgeschwindigkeiten für alle drei Innenzylinder durchgeführt. Die Konzentration des Initiators beträgt 0,2 Gew.-%. Durch die Anpassung des Modells an die experimentellen Daten wurden die Parameter *a* und *b* berechnet. In Abb. 6.7 sind die beiden Parameter über dem Durchmesser des Innenzylinders aufgetragen.

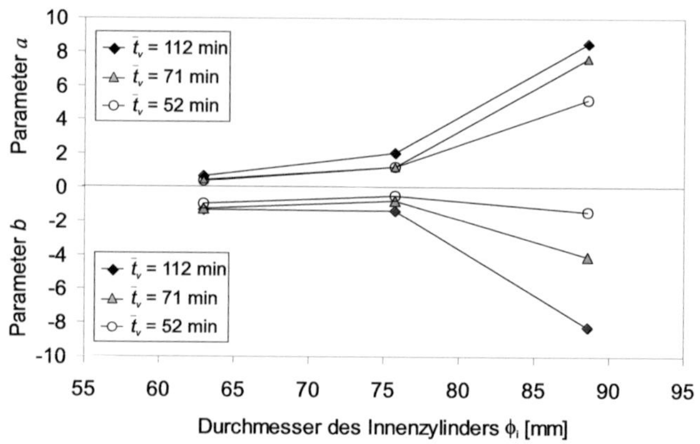

Abb. 6.7: Experimentell ermittelte Modellparameter bei unterschiedlichen Durchmessern des Innenzylinders bei gleichen mittleren Verweilzeiten in der kontinuierlichen Polymerisation mit einer Initiatorkonzentration von 0,2 Gew.-%

Bei gleicher mittlerer Verweilzeit steigt der Parameter *a* mit zunehmendem Durchmesser des Innenzylinders an. Dagegen wird für den Parameter *b* eine fallende Tendenz mit ansteigendem Durchmesser beobachtet. Das heißt, dass der Segregationsgrad während der Polymerisation im TCR direkt durch den Durchmesser des Innenzylinders beeinflusst wird. Zur qualitativen Analyse des Zusammenhangs zwischen dem Durchmesser und den Modellparametern beziehungsweise dem Segregationsgrad, müssen in Zukunft mehrere verschiedene Größen des Innenzylinders untersucht werden.

6.3.3 Einfluss der mittleren Verweilzeit auf die Modellparameter

Die mittlere Verweilzeit spielt eine wichtige Rolle für den Segregationsgrad. In Abb. 6.8 sind die experimentell ermittelten Parameter *a* und *b* bei unterschiedlichen mittleren Verweilzeiten für den großen und kleinen Innenzylinder dargestellt. Dabei hat sich beim großen Innenzylinder deutlich gezeigt, dass die beiden Parameter eine Potenzfunktion der mittleren Verweilzeit sind. Der Parameter *a* steigt mit zunehmender mittlerer Verweilzeit an und *b* nimmt mit zunehmender mittlerer Verweilzeit ab.

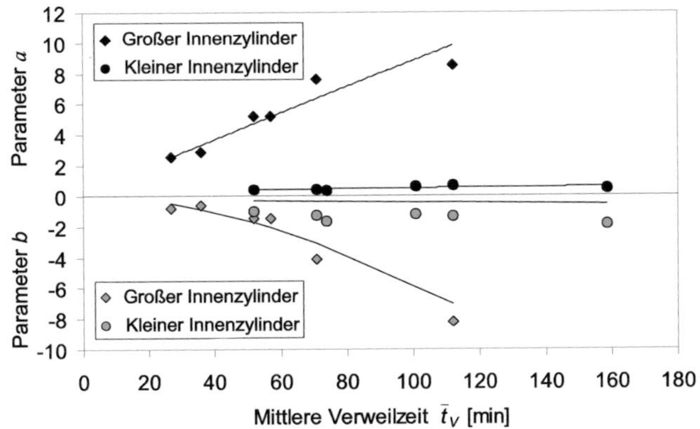

Abb. 6.8: Experimentell ermittelte Modellparameter bei verschiedenen mittleren Verweilzeiten für den großen und kleinen Innenzylinder in der kontinuierlichen Polymerisation mit einer Initiatorkonzentration von 0,2 Gew.-%

Im Gegensatz zu den Literaturdaten (Meyer und Renken, 1990) konnte der Einfluss der mittleren Verweilzeit auf die Modellparameter in dieser Arbeit nicht vernachlässigt werden. Das Mikrovermischungsmodell ist abhängig von der mittleren Verweilzeit. Darüber hinaus wurde der Segregationsgrad von Racina (2009) so definiert, dass er auf der Mesoebene eine Funktion des Verhältnisses von Verweilzeit zu Mesomischzeit ist. Da die Mesovermischung hier nicht berücksichtigt wird, wirkt sich die Verweilzeit laut Definition direkt auf den Segregationsgrad aus. Dabei wurde die Arbeitshypothese über die Annahme der Parameter *a* und *b* im Mikrovermischungsmodell in Abhängigkeit von der mittleren Verweilzeit bestätigt.

6.3.4 Einfluss der Prozessparameter auf den Segregationsgrad

In dieser Arbeit wurde der Segregationsgrad zur Beschreibung der Mischqualität zwischen den Monomeren und den Polymerradikalen während der Polymerisation im TCR definiert. In Abb. 6.9 sind exemplarisch für die kontinuierliche Polymerisation mit einer Initiatorkonzentration von 0,2 Gew.-% und einer mittleren Verweilzeit von 52 min, die vom Vermischungsmodell berechneten Segregationsgrade bei drei Scherraten dargestellt.

Aufgrund der Viskositätsänderung im Reaktor wurde der Segregationsgrad für die verschiedenen Scherraten aufgetragen. Der Ablauf der Mischvorgänge kann anhand dieser Ergebnisse verfolgt werden.

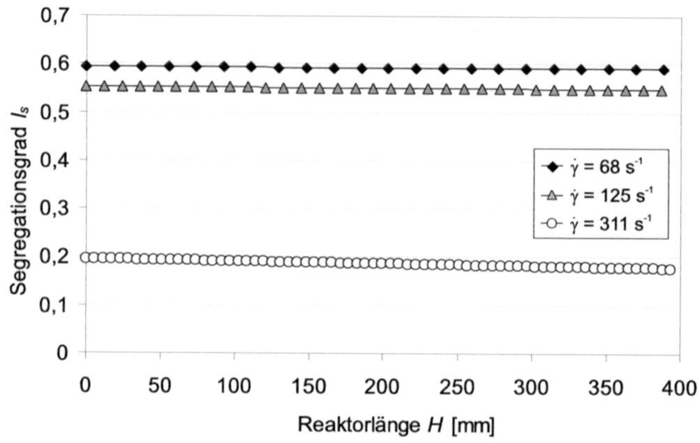

Abb. 6.9: Vom Modell berechnete Segregationsgrade bei verschiedenen Scherraten in der kontinuierlichen Polymerisation mit einer Initiatorkonzentration von 0,2 Gew.-% und einer mittleren Verweilzeit von 52 min

Der Segregationsgrad nimmt entlang der Reaktorlänge leicht ab. Wie bereits in Abb. 6.9 gezeigt, hängt die Mischqualität im TCR von der Rotations-Reynoldszahl ab (Racina, 2009). Bei der niedrigen Scherrate von 68 s^{-1} erhält man einen vergleichsweisen hohen Segregationsgrad. Das bedeutet, dass die Mikrovermischung nicht so gut ist wie im Fall einer hohen Scherrate. Der Einfluss der Vermischung auf die Polymereigenschaften sowie das Molekulargewicht und die Molmassenverteilung, werden in Kap. 7 diskutiert. Mit der Scherrate von 311 s^{-1} findet im TCR bereits eine homogene Polymerisation statt.

7 Einfluss der Prozess- und Reaktorparameter auf die Eigenschaften des Polymers

Der Umsatz und die Molmassenverteilung bilden zusammen die Grundlage zur Charakterisierung der Eigenschaften eines Polymerprodukts. Die maßgebliche charakteristische Größe zur quantitativen Beschreibung der Polymerqualität ist die Molmassenverteilung. Dabei werden zur Beurteilung der Molmassenverteilung eines Polymers das Zahlenmittel der Molmasse (M_n), das Massenmittel der Molmasse (M_w) bzw. der Polydispersitätsindex (M_w/M_n) eingesetzt. In diesem Kapitel wurde der Einfluss der Prozessparameter, der Reaktorgeometrie und auch der Makro- und Mikrovermischung auf die Molmassenverteilung von Polymethylmethacrylat, insbesondere auf das mittlere Molekulargewicht M_w und den Polydispersitätsindex M_w/M_n, untersucht.

Die Polymerisation von MMA wurde im kontinuierlich betriebenen Taylor-Couette Reaktor bei 80°C durchgeführt. Die Konzentration des Initiators (AIBN) beträgt 0,2 Gew.-%. Hierbei wurde eine Lösemittelkonzentration des Xylols von 80 Gew.-% verwendet. Die mittlere Verweilzeit, der Durchmesser sowie die Drehgeschwindigkeit des Innenzylinders wurden in dieser Versuchsreihe variiert.

7.1 Einfluss der Prozessparameter auf das Molekulargewicht des Polymers während der kontinuierlichen Polymerisation

Aus den Versuchen in Kap. 6 ist bereits ersichtlich, dass der Umsatz von der mittleren Verweilzeit und der Scherrate im Spalt beeinflusst wird. Weiterhin wurde der Einfluss der Prozessparameter auf die Molmassenverteilung während des kontinuierlichen Prozesses ermittelt. In dieser Versuchsreihe wurden drei Volumenströme von 700, 1100 und 1500 ml/h eingestellt. Dies entspricht mittleren Verweilzeiten von 159, 101 und 74 min für den kleinen Innenzylinder, 112, 71 und 52 für den mittleren Innenzylinder und 57, 36 und 27 min für den großen Innenzylinder. In Abb. 7.1 sind die Verläufe des mittleren Molekulargewichts entlang der Reaktorlänge bei einer Drehgeschwindigkeit von 66 rad/s bei verschiedenen mittleren Verweilzeiten aufgezeigt. Das mittlere Molekulargewicht bleibt entlang der Reaktorlänge im untersuchten Bereich fast konstant. Findet die freie radikalische Polymerisation im TCR statt, ergibt sich eine kleine Schwankung des mittleren Molekulargewichts entlang der Reaktorlänge. In der Literatur sind einige Veröffentlichungen zu finden, die sich mit der Molmassenverteilung in verschiedenen Reaktoren mit unterschiedlichen Monomeren beziehungsweise Reaktionsprozessen beschäftigen. Zum Beispiel steigt in einem einzelnen kontinuierlich betriebenen CSTR das Massenmittel der Molmasse M_w grundsätzlich mit zunehmendem Umsatz an, während das Zahlenmittel der Molmasse M_n konstant bleibt (Nauman, 1974). Bei der Polymerisation in mehreren hintereinander geschalteten Rührkesseln wird die Molmassenverteilung mit ansteigender Anzahl der Rührkessel enger, wenn für M_n ein konstanter Wert vorausgesetzt wird. Ist die Anzahl der Rührkessel gleich unendlich ($N = \infty$), ergibt sich eine Poisson-Verteilung für die Molmassenverteilung nach N Rührkesseln (Biesenberger und Tadmor, 1965 und 1966). Wie bereits aus Literaturdaten bekannt, ist die Zunahme der mittleren Molmasse M_w nach drei Rührkesseln schon sehr gering. Leider konnten die Autoren die Molmassenverteilung des Polymers in einem Taylor-Couette Reaktor nicht beschreiben. Obwohl der TCR in diesem Fall als Reihenschaltung mehrerer CSTRs approximiert werden kann, stimmen die Ergebnisse für den TCR mit den Literaturdaten nicht überein, da beim TCR die Rückvermischung in der Strömung noch zusätzlich stattfindet.

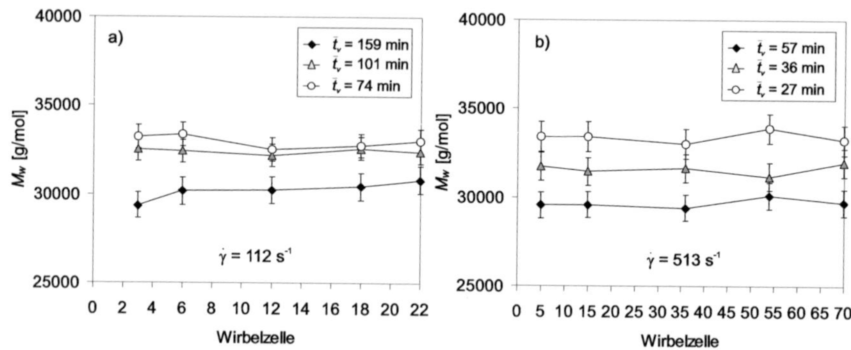

Abb. 7.1: Experimentell ermittelte Verläufe des mittleren Molekulargewichts entlang der Reaktorlänge bei einer Drehgeschwindigkeit des a) kleinen und b) großen Innenzylinders von 66 rad/s in der kontinuierlichen Polymerisation mit einer Initiatorkonzentration von 0,2 Gew.-% bei verschiedenen mittleren Verweilzeiten

Es ist bereits bekannt, dass der Umsatzverlauf des Polymers mit zunehmender mittlerer Verweilzeit abnimmt. Im Gegensatz dazu steigt die mittlere Molmasse mit abnehmender mittlerer Verweilzeit an. Die Ursache hierfür ist, dass eine hohe mittlere Verweilzeit aus einer niedrigen axialen Volumenströmung resultiert. Als Ergebnis davon bilden sich in der Polymerlösung vermehrte kürzere Polymerketten wegen der guten Vermischung. Dies führt dazu, dass bei der Bestimmung der Molmasse mittels GPC die ganze Molmassenverteilung nach rechts (s. Kap. 4.5) verschoben wird. Dabei wird das berechnete mittlere Molekulargewicht kleiner.

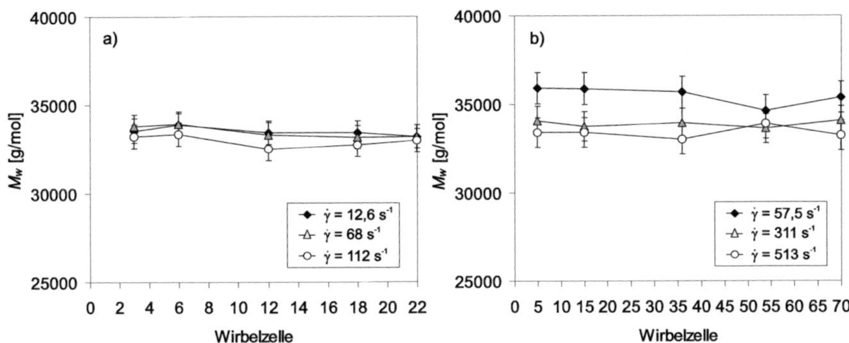

Abb. 7.2: Experimentell ermittelte Verläufe des mittleren Molekulargewichts entlang der Reaktorlänge mit einem axialen Volumenstrom von 1500 ml/h bei unterschiedlichen Scherraten für den a) kleinen und b) großen Innenzylinder in der Polymerisation mit einer Initiatorkonzentration von 0,2 Gew.-%

In Abb. 7.2 sind die experimentell ermittelten mittleren Molekulargewichte entlang der Reaktorlänge beispielhaft für einen axialen Volumenstrom von 1500 ml/h bei unterschiedlichen Scherraten dargestellt. Für den kleinen Innenzylinder beträgt die mittlere Verweilzeit 74 min (Abb. 7.2a), für den großen Innenzylinder 27 min (Abb. 7.2b). Das mittlere Molekulargewicht nimmt mit zunehmender Scherrate ab. Die Erklärung dazu ist analog wie beim Batch-Versuch mit einer niedrigen Initiatorkonzentration. Bei einer hohen Scherrate werden Monomere und freie Radikale in jeder Wirbelzelle intensiv vermischt, so dass alle Monomere gleichzeitig an Polymerradikale addiert werden können. Dies bedeutet, dass die Länge der neuen Polymerketten verkürzt wird. Die Molmassenverteilung wird nach der GPC-Analyse wieder nach rechts verschoben. Dabei reduziert sich das mittlere Molekulargewicht. Die in Abb. 7.1 und Abb. 7.2 erklärten Phänomene gelten für alle drei Innenzylinder im gesamten untersuchten Scherratebereich und der mittleren Verweilzeit.

In Abb. 7.3 ist zu sehen, dass der Polydispersitätsindex von der mittleren Verweilzeit beeinflusst wird. Er steigt leicht mit abnehmender mittlerer Verweilzeit an. Das heißt, dass bei kleinerer mittlerer Verweilzeit die Flüssigkeitsmischung schneller durch die Wirbelzelle strömt. Dabei haben Monomere und Polymerradikale nicht genügend Zeit, um sich in einer Wirbelzelle gut zu durchmischen. Dies führt dazu, dass bei einem großen axialen Volumenstrom die Chance gering ist, die Monomere gleichmäßig an die Polymerradikale zu addieren. Damit wird der Unterschied zwischen Kettenlängen erhöht und die Bereite der Molmassenverteilung dementsprechend vergrößert. Allerdings ist dieser Auswirkung der mittleren Verweilzeit auf den Polydispersitätsindex in dieser Arbeit nicht stark ausgeprägt.

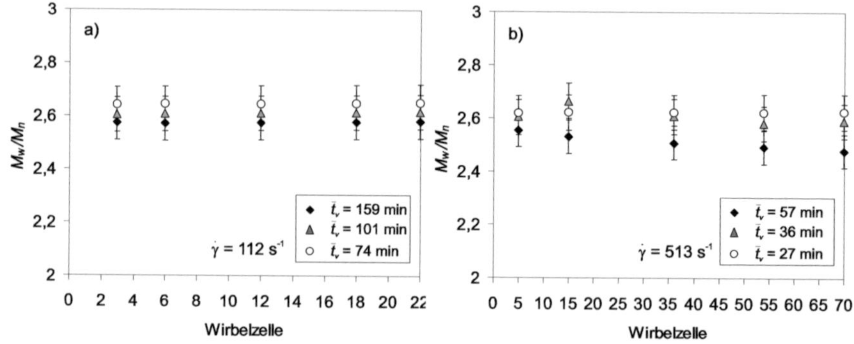

Abb. 7.3: Experimentell ermittelte Verläufe des Polydispersitätsindexes entlang der Reaktorlänge bei einer Drehgeschwindigkeit des a) kleinen und b) großen Innenzylinders von 66 rad/s mit verschiedenen mittleren Verweilzeiten

Indessen ist der Polydispersitätsindex entlang der Reaktorlänge während der kontinuierlichen Polymerisation bei kleiner Scherrate (mit dem kleinen Zylinder) konstant. Bei hoher Scherrate (mit dem großen Zylinder) zeigt sich eine geringfügig fallende Tendenz des Polydispersitätsindexes entlang der Reaktorlänge. Die Molmassenverteilung in der kontinuierlichen Polymerisation wurde in verschiedenen Reaktoren von Tadmor und Bisenberger (1966) simuliert. Das numerische Ergebnis zeigt dabei, dass sich der Polydispersitätsindex in einem CSTR mit zunehmendem Umsatzverlauf nicht verändert. Dagegen steigt er in dem Batch-Reaktor bei hohem Umsatz an, insbesondere wenn der Gel-Effekt auftritt. Weiterhin verengt sich die Breite der Molmassenverteilung wenn die kontinuierliche Polymerisation in hintereinander geschalteten homogenen CSTRs untersucht wird.

In Abb. 7.4 sind die Verläufe des Polydispersitätsindexes entlang der Reaktorlänge bei unterschiedlichen Scherraten mit einem konstanten axialen Volumenstrom von 1500 ml/h aufgetragen. Die Molmassenverteilung wird mit ansteigender Scherrate etwas breiter. Aufgrund nicht vorhandener Versuchsdaten kann an dieser Stelle nur eine Tendenz aufgezeigt werden. Dieser Effekt wird in Kap. 7.6.2 im Zusammenhang mit dem Einfluss der Mikrovermischung detailliert diskutiert.

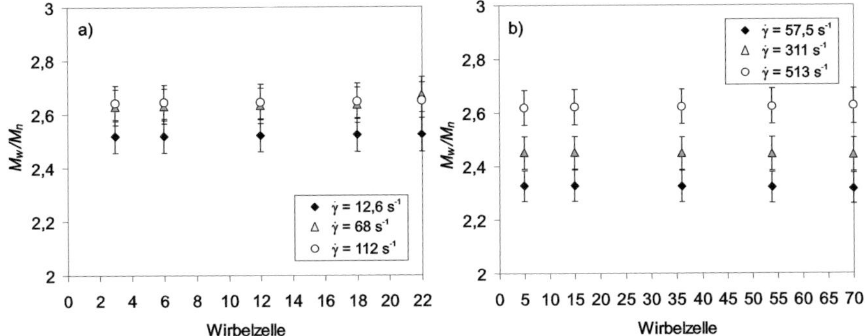

Abb. 7.4: Experimentell ermittelte Verläufe der Polydispersitätsindizes entlang der Reaktorlänge mit einem axialen Volumenstrom von 1500 ml/h bei unterschiedlichen Scherraten für den a) kleinen und b) großen Innenzylinder

7.2 Einfluss der Reaktorgeometrie auf das Molekulargewicht des Polymerprodukts am Reaktoraustritt

Ziel dieses Forschungsprojekts ist die Ermittlung des Einflusses der Vermischung auf die Polymerisation im TCR. Es werden nicht nur Reaktorparameter betrachtet, sondern auch der Einfluss der Prozessparameter und der Geometrie des Reaktors auf die Eigenschaften des Polymerprodukts. Vor allem bereiten alle Versuche dieser Forschungsperiode die zukünftige Auslegung des TCRs zur kontinuierlichen Herstellung des Polymers vor. Deshalb wurde an dieser Stelle die Produktqualität als ein wichtiges Kriterium zur Beurteilung des Reaktionsprozesses betrachtet. Dabei ist der Zusammenhang zwischen der Polymerproduktqualität aus dem TCR und den Prozessparametern von Bedeutung. In dieser Arbeit wurden die Einflüsse des Durchmessers des Innenzylinders, der mittleren Verweilzeit, der Taylor-Zahl, der Scherrate sowie des Mischungsverhaltens auf die Molmassenverteilung des Polymerprodukts analysiert. Die gezeigten ermittelten mittleren Molekulargewichte M_w und die Polydispersitätsindizes des Polymers (M_w/M_n) wurden für die Proben bestimmt, die aus der Probeentnahmestelle Nr. 5 (am Austritt des TCRs) erhalten wurden (s. Abb. 4.1).

In Abb. 7.5 ist exemplarisch das mittlere Molekulargewicht des Polymerprodukts über das Verhältnis R_i/d bei einer Rotationsgeschwindigkeit von 40 rad/s mit unterschiedlichen mittleren Verweilzeiten dargestellt. Es ist auffällig, dass das mittlere Molekulargewicht mit zunehmender mittlerer Verweilzeit abnimmt. Insbesondere ergibt sich ein ausgeprägter Unterschied zwischen den mittleren Verweilzeiten von 71 und 112 min. Das bedeutet, dass für eine mittlere Verweilzeit von mehr als 100 min eine niedrige mittlere Molmasse des Polymerprodukts am Austritt des TCRs erwartet wird. Dagegen ist die Zunahme der mittleren Molmasse deutlich langsamer, wenn die mittlere Verweilzeit unter 100 min liegt. Somit können die Polymereigenschaften durch Variation der mittleren Verweilzeit gesteuert werden. Außerdem nimmt das mittlere Molekulargewicht mit ansteigendem Verhältnis R_i/d linear ab. Eine Modifizierung der Polymereigenschaften kann also auch durch den Austausch des Innenzylinders im TCR realisiert werden. Im Rahmen dieser Arbeit standen lediglich drei unterschiedliche Innenzylinder zur Verfügung. Dabei kann nur qualitativ eine fallende Tendenz mit zunehmender Größe des Zylinders bestätigt werden. Die Messdaten sind noch nicht ausreichend, um eine Korrelation zwischen der mittleren Molmasse und dem Durchmesser zu entwickeln.

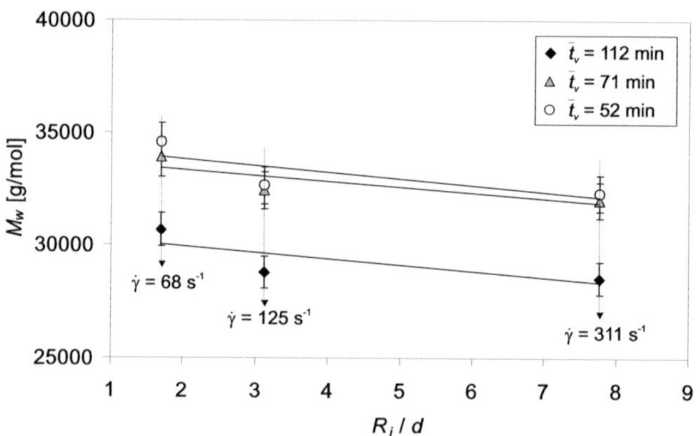

Abb. 7.5: Mittleres Molekulargewicht des Polymerprodukts bei verschiedenen Durchmessern des Innenzylinders und unterschiedlichen Verweilzeiten bei einer Drehgeschwindigkeit von 40 rad/s

In Abb. 7.6 hat sich gezeigt, dass der Polydispersitätsindex des Polymers nur schwach vom Durchmesser des Innenzylinders abhängt. Die Breite der Molmassenverteilung reduziert sich mit abnehmender Spaltbreite zwischen den beiden Zylindern. Bei einer mittleren Verweilzeit von 112 min kann es jedoch vereinzelt zu Abweichungen kommen und Abb. 7.6 zeigt keine abnehmende Tendenz, da bei 112 min für den mittleren Innenzylinder wahrscheinlich ein

Messfehler vorliegt. Die Molmassenverteilung des Polymerprodukts wird mit abnehmender mittlerer Verweilzeit etwas breiter. Die Erklärung ist analog zu Abb. 7.3, wobei dieser Unterschied beim kleinen Innenzylinder deutlich ausgeprägter ist.

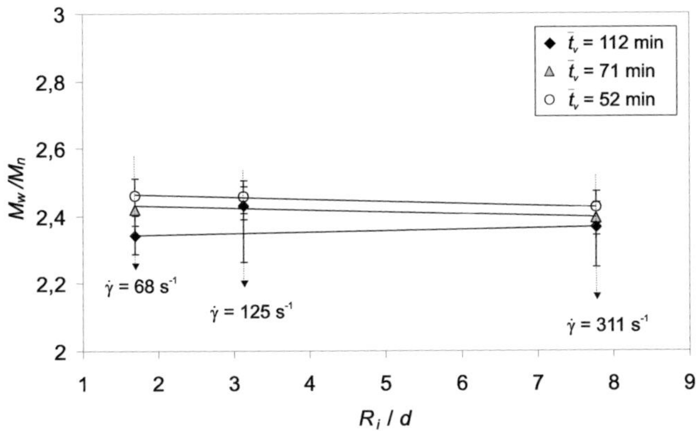

Abb. 7.6: Polydispersitätsindizes des Polymerprodukts bei verschiedenen Durchmesser des Innenzylinders und unterschiedlichen Verweilzeiten bei einer Drehgeschwindigkeit von 40 rad/s

7.3 Einfluss der mittleren Verweilzeit auf die Eigenschaften des Polymerprodukts

Der axiale Volumenstrom und die mittlere Verweilzeit der Flüssigkeitsmischung der Reaktanden sind wichtige Parameter zur Beschreibung des Polymerisationsprozesses und wirken sich deutlich auf den Umsatz und die Molmassenverteilung aus. Um in Zukunft den TCR für die Polymerisationsreaktion implementieren zu können, ist es notwendig, den Einfluss der mittleren Verweilzeit auf die Produkteigenschaften zu ermitteln. Dazu wurde in dieser Arbeit die dimensionslose Damköhler-Zahl als Kennzahl eingeführt, die das Verhältnis der Geschwindigkeitskonstante der Reaktion K zur Geschwindigkeitskonstanten des konvektiven Stofftransports beziehungsweise das Verhältnis der Verweilzeit t_V zur Reaktionszeit t_R beschreibt (Baerns et al., 1987). Die Damköhler-Zahl erster Ordnung ist dabei gegeben durch:

$$Da_I = K \cdot t_V \cdot C^{m-1} = \frac{t_V}{t_R} \tag{7.1}$$

Hierbei ist C die Konzentration des Reaktanden und m die Reaktionsordnung. In dieser Arbeit wurde die mittlere Verweilzeit in die Damköhler-Zahl eingesetzt:

$$Da_I = \frac{\bar{t}_V}{t_R} \tag{7.2}$$

mit

$$t_R = \frac{1}{K \cdot C^{m-1}} \tag{7.3}$$

Die Reaktionszeit bezeichnet man als die Zeit, innerhalb derer der flüssige Reaktand in dem Lösemittel im TCR reagiert (Baerns et al., 1987). Wenn man die Polymerisation im gesamten Reaktor betrachtet, wird sie als Reaktion erster Ordnung dargestellt. Bei Vorliegen einer Reaktion erster Ordnung wird zur Berechnung der Reaktionszeit im TCR die folgende Gleichung verwendet:

$$t_R = \frac{1}{K} \tag{7.4}$$

Die Reaktionszeit ist der Kehrwert der Geschwindigkeitskonstante. In diesem Fall wurde die Konstante der Bruttopolymerisationsgeschwindigkeit aus der Polymerisationskinetik in Gl. 5.3 verwendet.

$$t_R = \frac{1}{r_{Br}} = \frac{1}{\frac{k_p}{\sqrt{k_t}} \cdot \sqrt{2 \cdot F \cdot k_d}} \tag{7.5}$$

Wie in Kap. 5 dargestellt, hängt der Bruttokoeffizient k bei gleichem Lösemittelanteil von der Scherrate ab. Mit Hilfe der Korrelation (Gl. 5.22) kann die Polymerisationskinetik in Abhängigkeit der Prozessparameter berechnet werden. Deshalb wurde diese Korrelation für die Bestimmung der Reaktionszeit bei verschiedenen Scherraten benutzt. Setzt man Gl. 5.22 in Gl. 7.5 ein, so folgt eine neue Korrelation zwischen der Reaktionszeit und der Scherrate unter Berücksichtigung der hydrodynamischen Aktivierung der Batch-Polymerisation im TCR. Hiermit ist k_p = 1317 l/mol/s. So kann die Berechnung der Reaktionszeit nach folgender Korrelation durchgeführt werden:

$$t_R = \frac{1}{1317 \cdot \sqrt{2 \cdot F \cdot k_d}} \cdot \sqrt{-a_1 \cdot \dot{\gamma} + a_2 \cdot \exp\left(\frac{-1}{\Theta_F}\right)} \tag{7.6}$$

Die Anpassungsparameter a_1 und a_2 für unterschiedliche Innenzylinder sind in Tab. 5.5 zusammengefasst. Die anderen kinetischen Konstanten finden sich in Tab. 5.2 wieder.

Da die Reaktionszeit nur abhängig von der Scherrate ist, nimmt die Reaktionszeit für jeden Innenzylinder einen konstanten Wert an, wenn die Drehgeschwindigkeit beim Versuch festgelegt wird. In diesem Fall ist die Damköhler-Zahl nur eine Funktion der mittleren Verweilzeit. In Abb. 7.7 sind die Umsätze im TCR für den kleinen und den großen Innenzylinder in Abhängigkeit der Damköhler-Zahl dargestellt. Mit zunehmender Damköhler-Zahl steigt der Umsatz an. In der Literatur existieren einige Arbeiten zur Untersuchung der kontinuierlichen Emulsionspolymerisation in einem TCR. In einer davon wurde der Einfluss der Reaktorgeometrie, der Vermischungsparameter, der Taylor-Zahl des Innenzylinders, der Verweilzeit etc. auf die Emulsionspolymerisation von Styrol bei 50°C verglichen und mit hintereinander geschalteten Rührkesseln ermittelt (Wei et al., 2001). Die Autoren haben in dieser Arbeit eine annährend lineare Zunahme des Umsatzes mit ansteigender mittlerer Verweilzeit aufgezeigt. Dabei liegt der Umsatzverlauf des TCR zwischen dem eines idealen Strömungsrohrs und dem mit 20 hintereinander geschalteten Rührkesseln. Leider wurden die Daten nicht quantitativ analysiert und die Umsätze nicht mit den Verweilzeiten korreliert. In Kap. 6 wurde der Umsatzverlauf entlang der Reaktorlänge mit Hilfe des Makro- und Mikrovermischungsmodells unter Berücksichtigung der Reaktionskinetik und der Viskositätsänderung während der kontinuierlichen Polymerisation numerisch simuliert. Dieses Modell kann die experimentell ermittelten Umsätze bei verschiedenen Scherraten im Spalt und mittleren Verweilzeiten wiedergeben. Allerdings ist es schwierig anzuwenden, wenn hauptsächlich der Endumsatz des Reaktors interessiert. Deshalb wurde eine einfache Korrelation für den Produktumsatz in dimensionsloser Form entwickelt. In der Literatur finden sich zahlreiche Gleichungen zur Berechnung des Umsatzes in Abhängigkeit der Damköhler-Zahl in einem Rührkessel, einem Strömungsrohr und einer Rührkesselkaskade (Baerns et al., 2006). Dabei wird der Umsatz in einem idealen Strömungsrohr für eine Reaktion erster Ordnung wie folgt berechnet:

$$1 - X = \exp\left(-Da_I\right) \tag{7.7}$$

Der Umsatz folgt dementsprechend aus einer Exponentialfunktion mit der Damköhler-Zahl als Exponent. Es ist gut zu erkennen, dass der gesamte Taylor-Couette Reaktor nicht nur über das Zellenmodell mit Rückvermischung, sondern auch als ein Rohrreaktor approximiert werden kann (Kataoka et al., 1975). Um die experimentellen Daten durch die Korrelation gut beschreiben zu können, wird die Gleichung des idealen Rohrreaktors (Gl. 7.7) für den Taylor-Couette Reaktor modifiziert. Die Korrelation für den TCR wird so vorgeschlagen, dass der exponentielle Term das Produkt aus der Damköhler-Zahl und einem Anpassungsparameter λ enthält. Der Parameter λ kann grundsätzlich durch Anpassung an die experimentell ermittelten Umsätze bestimmt werden.

$$1 - X = \exp\left(-\lambda \cdot Da_I\right) \tag{7.8}$$

Tab. 7.1: Experimentell bestimmte Parameter für die Korrelation zwischen dem Umsatz und der Damköhler-Zahl

Parameter	λ
Kleiner Innenzylinder	0,072
Großer Innenzylinder	0,048

Besonders gut eignet sich diese Korrelation im untersuchten Bereich für die Polymerisation im TCR mit den kleinen und großen Innenzylindern. Dabei sind die angepassten Korrelationsparameter für beide Zylinder in Tab. 7.1 aufgelistet.

Abb. 7.7 zeigt, dass die Übereinstimmung zwischen der Korrelation und den experimentellen Werten sehr gut ist. Der mittlere Fehler der Korrelation beträgt 5% für den kleinen und 2% für den großen Zylinder.

Wie bereits in Abb. 7.5 gezeigt, nimmt das mittlere Molekulargewicht mit zunehmender Verweilzeit ab. Dies bestätigt die Aussage, die sich in der Literatur (Woliński und Wroński, 2009) wiederfinden lässt. Die Autoren beschäftigten sich mit der kontinuierlichen Polykondensation von Acrylaten in einem horizontal liegenden Taylor-Couette Reaktor. Dabei hat sich gezeigt, dass sich die mittlere Molmasse mit abnehmendem Volumenstrom reduziert. Leider haben die Autoren die Produkteigenschaften des Polymers in Abhängigkeit von der Rotations-Reynoldszahl, der Temperatur und der Konzentration des Monomers beziehungsweise des Initiators nur qualitativ untersucht. Dabei konnte nur eine fallende Tendenz für die mittlere Molmasse mit ansteigender Verweilzeit aufgezeigt werden, da die Untersuchung lediglich mit zwei Volumenströmen durchgeführt wurde. Der Einfluss der mittleren Verweilzeit auf das mittlere Molekulargewicht ist bislang noch nicht klar beschrieben worden. Deshalb wurde hier der Zusammenhang zwischen der Polymereigenschaft und dem axialen Volumenstrom detailliert analysiert.

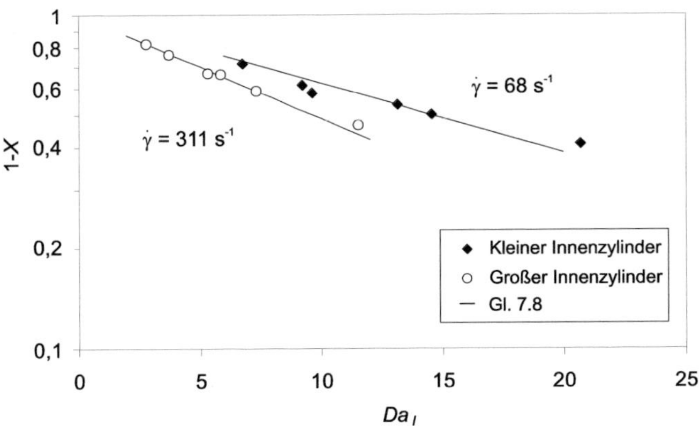

Abb. 7.7: Korrelation des Umsatzes in dimensionsloser Form bei der kontinuierlichen Polymerisation mit einer Drehgeschwindigkeit von 40 rad/s für den kleinen und großen Innenzylinder

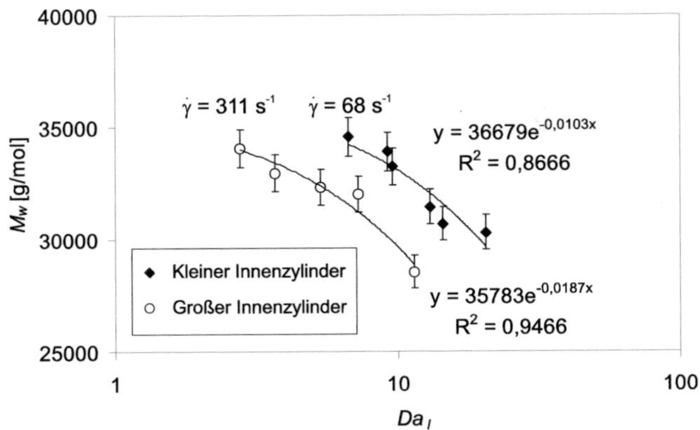

Abb. 7.8: Vergleich des mittleren Molekulargewichts des Polymerprodukts bei einer Drehgeschwindigkeit von 40 rad/s für den kleinen und großen Innenzylinder

In Abb. 7.8 sind zunächst die mittleren Molekulargewichte des Polymerprodukts aus dem TCR bei einer Drehgeschwindigkeit von 40 rad/s für den kleinen und großen Innenzylinder in Abhängigkeit der Damköhler-Zahl dargestellt. Dabei ist deutlich zu sehen, dass die mittlere Molmasse mit zunehmender Damköhler-Zahl nicht linear abnimmt.

Die experimentell ermittelten mittleren Molmassen wurden an dieser Stelle über eine Exponentialfunktion angepasst, damit in Kap. 7.4 eine einheitliche Korrelation zwischen dem mittleren Molekulargewicht und der Taylor-Zahl bei variabler mittlerer Verweilzeit und Damköhler-Zahl aufgestellt werden kann. Dabei hängt die mittlere Molmasse exponentiell von der Taylor-Zahl ab. Die Verläufe der mittleren Molmassen, die mit Hilfe der in Abb. 7.8 eingetragenen Gleichungen berechnet wurden, können die experimentellen Daten gut wiedergegeben. Dabei beträgt das Bestimmtheitsmaß R^2 = 0,947 für den großen Zylinder. Etwas größere Abweichungen zeigen sich beim kleinen Zylinder, hier ist das Bestimmtheitsmaß R^2 = 0,867.

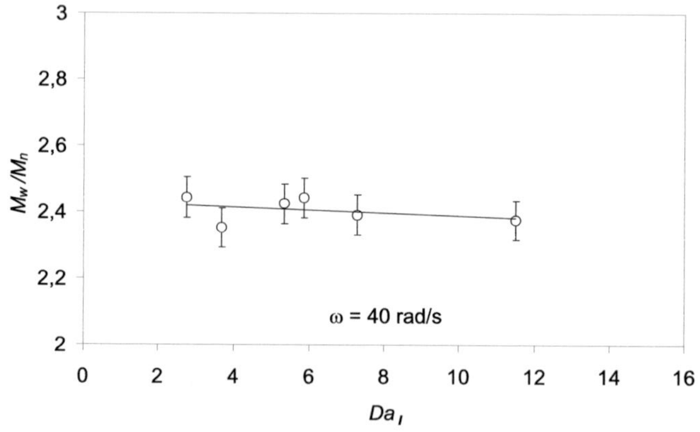

Abb. 7.9: Vergleich des Polydispersitätsindexes des Polymerprodukts bei unterschiedlichen mittleren Verweilzeiten bei einer Scherrate von 311 s^{-1} für den großen Innenzylinder

In Abb. 7.9 ist beispielhaft der Polydispersitätsindex des Polymerprodukts bei der kontinuierlichen Polymerisation mit einer Drehgeschwindigkeit von 40 rad/s des großen Innenzylinders (bei $\dot{\gamma}$ = 311 s^{-1}) über die dimensionslose Damköhler-Zahl aufgetragen. Obwohl die Veränderung des Polydispersitätsindexes gering ist, ergibt sich dennoch eine schwache Abnahme dieser mit steigender Damköhler-Zahl. In dieser Arbeit wurde angenommen, dass die Breite der Molmassenverteilung mit zunehmender Damköhler-Zahl linear abnimmt. In der Veröffentlichung von Woliński und Wroński (2009) wurde gezeigt, dass der Polydispersitätsindex bei der Polykondensation im TCR bei Rotations-

Reynoldszahlen von 1000 bis 1500 mit zunehmender Verweilzeit ansteigt. Zusätzlich wurde gezeigt, dass sich Unterschiede in der Verweilzeit vor allem im Bereich von $1500 < Re_\phi < 2500$ deutlich auswirken. In dieser Veröffentlichung ist der Polydispersitätsindex bei großer Verweilzeit erheblich höher. Dagegen sind im laminaren Bereich nur geringe Unterschiede zu sehen. Diese Ergebnisse stehen im Gegensatz zu denen der vorliegenden Arbeit. Aufgrund der unterschiedlichen Polymerisationssysteme und Reaktorgeometrien können die experimentellen Daten in dieser Arbeit nicht mit diesen Literaturdaten verglichen werden.

7.4 Korrelation zwischen Molekulargewicht und Taylor-Zahl

Die in Kap. 7.2 diskutierten Ergebnisse werden im Folgenden in Form dimensionsloser Korrelationen angegeben, auf deren Basis eine Auslegung technischer TCRen möglich sein sollte. In der Literatur ist eine Veröffentlichung von Kataoka et al. (1995) zu finden, die sich mit der Emulsionspolymerisation von Styrol in einem kontinuierlich betriebenen Taylor-Couette Reaktor unter Berücksichtigung des Mischungsverhaltens beschäftigt. Die Autoren haben die kritischen Taylor-Zahlen und die Umsatzverläufe entlang der Reaktorlänge bei unterschiedlichen Taylor-Zahlen während der Emulsionspolymerisation in einem TCR ermittelt. Insbesondere haben sie ihre Versuchsergebnisse sowie die Umsätze und mittleren Molekulargewichte des Polymerprodukts über die Taylor-Zahl bei verschiedenen Verweilzeiten aufgetragen. Es hat sich in dieser Veröffentlichung gezeigt, dass das mittlere Molekulargewicht mit ansteigender Taylor-Zahl zunimmt, solange die Taylor-Zahl kleiner als 1000 ist. Falls die Strömung im turbulenten Bereich liegt und $Ta > 1000$ gilt, ist das mittlere Molekulargewicht konstant. Aufgrund der mangelnden Messpunkte haben die Autoren leider keine Korrelation zwischen dem mittleren Molekulargewicht und der Taylor-Zahl aufgestellt. Deshalb ist es in dieser Arbeit erforderlich, die mittlere Molmasse mit der Taylor-Zahl zu korrelieren.

Wie bereits in Kap. 6.2.2 dargestellt, ist die Viskosität gemäß der Kuhn-Mark-Houwink-Sakurada-Gleichung eine Funktion des mittleren Molekulargewichts M_w. Zur Korrelation wird hier der für diverse Viskositätsprobleme allgemein übliche Ansatz umformuliert.

$$M_w \sim \mu^{\frac{1}{n}} \tag{7.9}$$

Dabei hängt die Taylor-Zahl von der kinematischen Viskosität, der Drehgeschwindigkeit und der Reaktorgeometrie ab:

$$Ta \sim \frac{1}{\mu} \tag{7.10}$$

Durch Einsetzen der Definitionsgleichung der Taylor-Zahl in Gl. 7.10 und unter Verwendung von Gl. 7.9 und der empirischen Korrelation für die kinematische Viskosität ergibt sich anschließend:

$$M_w \sim \frac{1}{Ta^{\frac{1}{n}}} \tag{7.11}$$

Aus der Formulierung in Gl. 7.11 geht hervor, dass das mittlere Molekulargewicht von der Taylor-Zahl abhängt. Jedoch wurde durch Anpassung einer Tendenzkurve an die experimentellen Daten in Abb. 7.8 bereits ermittelt, dass die mittlere Molmasse durch eine Exponentialfunktion mit der Damköhler-Zahl gut beschrieben werden kann.

$$M_w \sim e^{Da_I} \tag{7.12}$$

Dabei werden das mittlere Molekulargewicht und die Taylor-Zahl wie folgt in Zusammenhang gesetzt:

$$M_w \sim f(Ta,\, Da_I) \tag{7.13}$$

In dieser Korrelation wurde angenommen, dass der Exponent eine lineare Funktion der mittleren Verweilzeit ist. Dadurch ergibt sich für das mittlere Molekulargewicht eine Korrelation in dimensionsloser Form:

$$M_w = \kappa \cdot Ta^{-(p \cdot Da_I + q)} \tag{7.14}$$

Hierbei ist κ der Anpassungsparameter, p und q die Steigung beziehungsweise der Ordinatenabschnitt der linearen Funktion für die mittlere Verweilzeit. Dabei wurde angenommen, dass für jeden Innenzylinder die drei Anpassungsparameter κ, p und q konstante Werte haben.

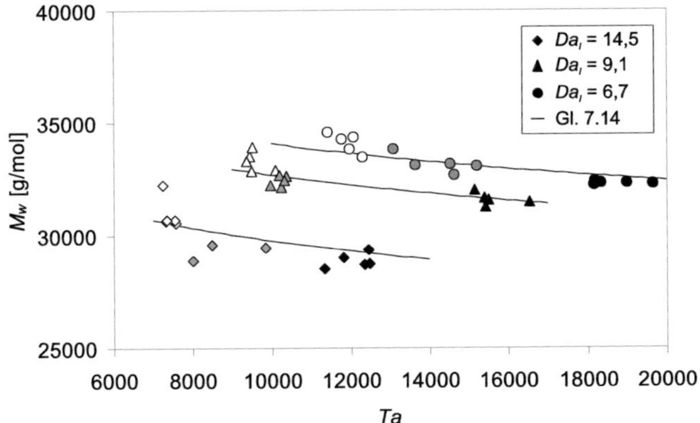

Abb. 7.10: Korrelation des mittleren Molekulargewichts für alle drei Größen des Innenzylinders als Funktion der Taylor-Zahl bei verschiedenen Damköhler-Zahlen (Weiße Symbole: Kleiner Zylinder; Graue Symbole: Mittlerer Zylinder; Schwarze Symbole: Großer Zylinder)

In Abb. 7.10 sind zunächst die mittleren Molekulargewichte der Polymerproben über die Taylor-Zahl bei verschiedenen Damköhler-Zahlen im untersuchten turbulenten Strömungsbereich für alle Innenzylinder dargestellt. Dabei spielt die Reaktorgeometrie keine Rolle. Im Gegensatz zu den Literaturdaten (Kataoka et al., 1995) nimmt die mittlere Molmasse während der kontinuierlichen freien radikalischen Polymerisation von MMA in einem TCR mit zunehmender Taylor-Zahl im turbulenten Bereich deutlich ab. Außerdem wurde in dieser Veröffentlichung gezeigt, dass die Verweilzeit keinen Einfluss auf die Molmassenverteilung hat. Zudem sind in den mittleren Molekulargewichten bei zwei verschiedenen Verweilzeiten kaum Unterschiede zu sehen. In der vorliegenden Arbeit wurde eine klare Zunahme der mittleren Molmasse mit abnehmender Damköhler-Zahl beobachtet.

Tab. 7.2: Experimentell bestimmte Konstanten für die lineare Funktion der Damköhler-Zahl

Parameter	Wert
κ	$6{,}6\cdot 10^{4}$
p	$1{,}88\cdot 10^{-3}$
q	$5{,}92\cdot 10^{-2}$

Zusätzlich ist in Abb. 7.10 noch exemplarisch das Ergebnis der Anpassung dargestellt. Der Fitparameter κ wurde durch die Anpassung der in Abb. 7.10 stehenden Versuchsdaten bestimmt. Dabei nimmt κ einen Zahlwert von $6{,}6 \cdot 10^4$ an. Die experimentell bestimmten Konstanten p und q ergeben sich für den großen Innenzylinder und wurden in Tab. 7.2 angegeben. Die experimentell ermittelten mittleren Molekulargewichte können durch die Korrelation mit den in Tab. 7.2 aufgelisteten Werten der Anpassungsparameter im turbulenten Strömungsbereich gut wiedergegeben werden.

In Abb. 7.11 ist ein Vergleich der rechnerisch und experimentell bestimmten mittleren Molekulargewichte in einem Paritätsdiagramm gezeigt. Dieses Paritätsdiagramm beschreibt die Abweichung des mittleren Molekulargewichts, das mittels Gl. 7.14 berechnet wurde, zu dem experimentell ermittelten mittleren Molekulargewicht. Wenn die Korrelation die Versuchsergebnisse exakt wiedergibt, sollten alle Punkte auf einer Diagonalen liegen. Bei einem Versuch mit allen Innenzylindergrößen werden mit Hilfe dieser Korrelation alle ermittelten mittleren Molmassen mit einer Fehlertoleranz von ±5% abgebildet. Dabei wird besonders für die Damköhler-Zahlen von 9,1 und 6,7 eine gute Anpassung erreicht, da die aufgetragenen mittleren Molekulargewichte nahe an der Ursprungsgeraden liegen.

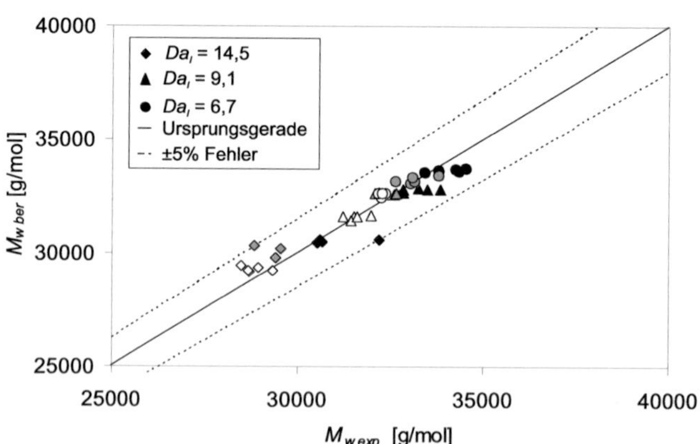

Abb. 7.11: Paritätsdiagramm zum Vergleich der durch die entwickelte Korrelation berechneten mittleren Molekulargewichte mit experimentellen Daten (Weiße Symbole: Kleiner Zylinder; Graue Symbole: Mittlerer Zylinder; Schwarze Symbole: Großer Zylinder)

Zusammenfassend lässt sich festhalten, dass die Korrelation (Gl. 7.14) für die Polymerisation in turbulenter Strömung gut geeignet ist. Folglich wird für die Abschätzung der mittleren Molmasse über die dimensionslose Taylor-Zahl und Damköhler-Zahl einer der kontinuierlichen Polymerisation im TCR auf Basis der, in dieser Arbeit gewonnenen experimentellen Daten, die Korrelation aus Gl. 7.14 vorgeschlagen.

7.5 Einfluss der Makro- und Mikromischzeit auf das Molekulargewicht des Polymerprodukts

Es ist ersichtlich, dass die Makro- und Mikrovermischung im TCR eine wichtige Rolle spielt. In Kap. 6 wurde bereits ein Modell für die Makro- und Mikrovermischung während der kontinuierlichen Polymerisation von MMA im TCR entwickelt. Dabei kann das Mischungsmodell gut an die experimentell ermittelten Umsätze entlang der Reaktorlänge angepasst werden. An dieser Stelle wird der Einfluss der Makro- und Mikrovermischung sowie der in diesem Modell rechnerisch ermittelten Makro- und Mikromischzeiten auf die Molmassenverteilung des Polymers weiter analysiert, so dass der Einfluss der Prozessparameter beziehungsweise der Taylor-Couette Reaktorgeometrie auf die Polymerprodukteigenschaften vollständig bekannt ist.

In der Literatur finden sich nur wenige Veröffentlichungen, die die Polymereigenschaften in Abhängigkeit des Mischungsverhaltens in einem Reaktor oder in einem TCR beschreiben. In einer vereinzelten Arbeit von Thiele und Breme (1988) wurde ausgehend von der Copolymerisation von Styrol und Acrylnitril mit Hilfe eines selbst entwickelten Segregationsmodells der Einfluss der Makro- und Mikrovermischung in einem kontinuierlich betriebenen Polymerisationsreaktor mit spiralen Rippen am Innenzylinder untersucht. Dazu haben die Autoren den Umsatz, die mittlere Molmasse, die Polydispersität des Polymers etc. als Funktion der mittleren Verweilzeit simuliert. Das Ergebnis davon ist, dass die Segregation nicht gefährlich für die Reaktorleistung und die Polymerprodukteigenschaft ist. Aufgrund der mangelnden Messdaten wurde das Modell zunächst nicht mit den experimentellen Ergebnissen verglichen, weshalb es sehr schwierig zu beurteilen ist, ob dieses Mischungsmodell den Polymerisationsprozess gut beschreiben kann. Außerdem haben die Autoren nicht den Einfluss der Makro- und Mikromischzeiten auf die Polymereigenschaften diskutiert. In anderen Veröffentlichungen zur Emulsionspolymerisation im TCR, beispielsweise von Kataoka et al. (1995) und Wei et al. (2001), gibt es leider auch keine Aussage über den Zusammenhang zwischen den Mischzeiten sowie dem Segregationsgrad und der Molmassenverteilung. Folglich ist es in dieser Arbeit erforderlich, den Einfluss des Mischungsverhaltens im TCR auf das mittlere Molekulargewicht und den Polydispersitätsindex zu ermitteln.

7.5.1 Makromischzeit während der kontinuierlichen Polymerisation

Die charakteristische Zeit ist in der Makrovermischung von praktischem Interesse. Diese Makromischzeit wird in der Taylor-Couette Strömung als die Zeit definiert, die ein Strömungselement benötigt, um in axialer Richtung im Mittel eine Strecke von zwei Spaltbreiten zurückzulegen (Racina, 2009). Auf Basis der Einstein-Smoluchowski-Gleichung lässt sich die axiale Makromischzeit wie folgt schreiben:

$$t_m = \frac{2 \cdot d^2}{D_{ax}} \tag{3.9}$$

Alle Mischzeiten in dieser Arbeit wurden nicht direkt im Versuch gemessen. Stattdessen wurden die Makromischzeiten aus den axialen Dispersionskoeffizienten, die durch das in Kap. 6 entwickelte Mischungsmodell numerisch berechnet werden können, ermittelt. Aufgrund der steigenden Viskosität entlang der Reaktorlänge ist in diesem Fall der axiale Dispersionskoeffizient in jeder Wirbelzelle unterschiedlich. Deshalb werden im TCR unterschiedliche Makromischzeiten erwartet. Die Makromischzeit steigt mit zunehmender Anzahl der Wirbelzellen im TCR an. Wenn man die Makromischzeit in jeder Wirbelzelle beobachtet, ist es schwierig, bei gleicher Reaktorgeometrie die Makromischzeiten bei Variation der Prozessparameter miteinander zu vergleichen. Um die experimentellen Daten einfacher auszuwerten, wird hier eine mittlere Makromischzeit für den gesamten TCR eingeführt:

$$\bar{t}_m = \frac{\sum_{i=1}^{N} t_{m,j}}{N} \tag{7.15}$$

Hierbei ist N die Anzahl der Wirbelzellen im TCR.

In Abb. 7.12 sind exemplarisch, die durch das Modell berechneten mittleren Makromischzeiten bei den Versuchen mit einem axialen Volumenstrom von 700 ml/h und unterschiedlichen Drehgeschwindigkeiten des Innenzylinders dargestellt. Es ist ersichtlich, dass die mittlere Makromischzeit mit ansteigender Drehgeschwindigkeit abnimmt. Die mittlere Makromischzeit fällt bei niedrigen Drehgeschwindigkeiten ($\omega < 15$ rad/s) potenziell ab, da die Strömung im TCR vom Übergangsbereich in das turbulente Regime umschlägt. Im turbulenten

Bereich, also mit zunehmender Drehgeschwindigkeit, wird das Makrovermischungsverhalten besser und die mittlere Makromischzeit nimmt ab. Darüber hinaus wird die Makromischzeit mit abnehmendem Verhältnis des Geometriefaktors η vergrößert. Dies bedeutet, dass auf der Makroebene die Vermischung bei dem großen Innenzylinder mit den meisten und kleinsten Wirbelzellen immer besser ist als die bei dem kleinen Innenzylinder.

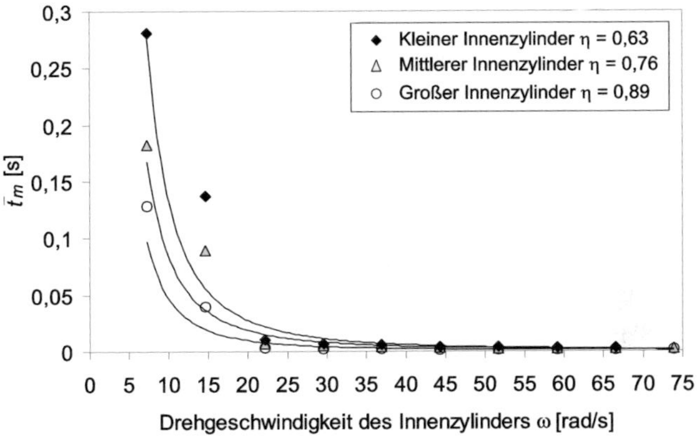

Abb. 7.12: Mit Hilfe des Mischungsmodells berechneten Verläufe der mittleren Makromischzeiten (Symbole) bei unterschiedlichen Drehgeschwindigkeiten des Innenzylinders und einem axialen Volumenstrom von 700 ml/h

In der Arbeit von Racina (2009) ist bereits zu erkennen, dass die aus den experimentellen Daten ermittelten Makromischzeiten eine Größenordnung von 0,1 bis 100 Sekunden haben. In dieser Arbeit entspricht die Makromischzeit nicht ganz dieser Größenordnung. Die Ursache hierfür ist darin zu suchen, dass bei der Modellierung der Makrovermischung in Kap. 6 die Korrelation für den axialen Diffusionskoeffizienten gegenüber dem ursprünglichen Modell von Racina (2009) modifiziert worden ist. Dies führt zu Beginn der Polymerisation zu relativ hohen Diffusionskoeffizienten in der numerischen Simulation, so dass niedrige Werte für die Makromischzeiten erhalten wurden. Wenn die Strömung im Übergangsbereich ($\omega < 15$ rad/s) liegt, liegen die Makromischzeiten in der erwarteten Größenordnung ($0{,}05 < t_m < 0{,}3$ s). Im Gegensatz dazu reduzieren sie sich für den turbulenten Bereich auf $1 \cdot 10^{-3}$ bis $1 \cdot 10^{-2}$ s.

7.5.2 Effekt der Mikrovermischung

Im Gegensatz zur der Makrovermischung, die den Stoffaustausch zwischen benachbarten Wirbelzellen beschreibt, erfolgt bei der Mikrovermischung der endgültige Konzentrationsausgleich durch Diffusion auf molekularer Ebene. Deshalb spielt die Mikrovermischung eine bedeutende Rolle für die Molmassenverteilung des Polymers. In folgender Arbeit wurde der Einfluss der Mikrovermischung auf die mittlere Molmasse und die Breite der Molmassenverteilung detailliert untersucht. Die Mikromischzeit wurde mit Hilfe des Mikrovermischungsmodells in Kap. 6 gemäß Gl. 6.37 numerisch berechnet. Analog zur Makromischzeit lässt sich die mittlere Mikromischzeit definieren:

$$\bar{t}_{\mu} = \frac{\sum_{i=1}^{N} t_{\mu,j}}{N} \tag{7.16}$$

In Abb. 7.17 ist exemplarisch gezeigt, dass die mit Hilfe des Modells berechneten mittleren Mikromischzeiten mit zunehmender Drehgeschwindigkeit des Innenzylinders bei den Versuchen mit einem axialen Volumenstrom von 700 ml/h abnehmen.

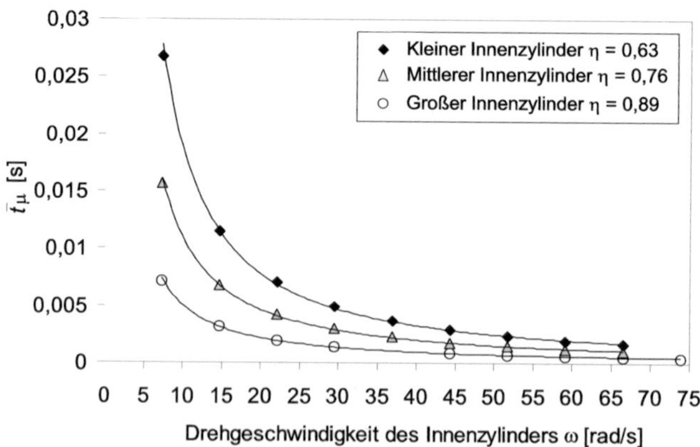

Abb. 7.13: Mit Hilfe des Mischungsmodells berechnete Verläufe der mittleren Mikromischzeiten (Symbole) bei unterschiedlichen Drehgeschwindigkeiten des Innenzylinders mit einem axialen Volumenstrom von 700 ml/h

Analog zu Abb. 7.12 nimmt die Mikromischzeit mit steigender Drehgeschwindigkeit potenziell ab. Bei gleicher Drehgeschwindigkeit ist die mittlere Mikromischzeit des großen Innenzylinders immer kürzer als beim kleinen

Innenzylinder. Damit ist im TCR mit großem Innenzylinder nicht nur die Makrovermischung, sondern auch die Mikrovermischung am besten. Dabei ist die Makromischzeit größer als die Mikromischzeit. Die numerischen Ergebnisse zeigen, dass die mittlere Mikromischzeit für den kleinen Zylinder im Bereich von $1 \cdot 10^{-3}$ bis $3 \cdot 10^{-2}$ s und für den mittleren Zylinder im Bereich von $0{,}8 \cdot 10^{-3}$ bis $1{,}5 \cdot 10^{-2}$ s liegt. Die mittlere Mikromischzeit des großen Zylinders ist dementsprechend im Bereich zwischen $0{,}3 \cdot 10^{-3}$ und $0{,}7 \cdot 10^{-2}$ s. Damit liegen die mittleren Mikromischzeiten in dieser Arbeit in einer Größenordnung von $1 \cdot 10^{-4}$ und $1 \cdot 10^{-1}$ s, was in guter Übereinstimmung mit den vorhandenen Literaturdaten (Racina, 2009; Liu und Lee, 1999) für den untersuchten Strömungsbereich steht.

Der Einfluss der Mikrovermischung auf den Ablauf der kontinuierlichen Polymerisation im TCR kann mit Hilfe des Verhältnisses der Mikromischzeit zur charakteristischen Reaktionszeit t_μ/t_r abgeschätzt werden (David et al., 1984). Wenn die Mikromischzeit und die charakteristische Reaktionszeit aufeinander abgestimmt sind, kann man den Zusammenhang zwischen t_μ/t_r und den Polymereigenschaften beobachten. Die Zusammenstellung der unterschiedlichen Fälle ist in Tab. 7.3 aufgezeigt.

Tab. 7.3: Grenzfälle der Mikrovermischung in offenen Systemen (David et al., 1984)

t_μ / t_r	**Beschreibung der Mikrovermischung**
$\gg 1$	Totale Segregation mit Reaktion
≈ 1	Zwischen totaler Segregation und völliger molekularer Durchmischung
$\ll 1$	Gradientenfreies System

Wenn die Mikromischzeit viel größer ist als die charakteristische Reaktionszeit, sind Monomer und Polymerradikale in dieser Arbeit völlig segregiert. In diesem Fall kann das Vermischungssystem mit der Verweilzeitverteilung nicht ausreichend beschrieben werden. Auch bei idealer Makrovermischung durchlaufen die beiden Fluide das System völlig getrennt. Falls die charakteristische Reaktionszeit langsamer gegenüber der Mikromischzeit ist, werden Monomere und Polymerradikale auf molekularer Ebene gut durchmischt. Zwischen den beiden Fällen liegt $t_\mu/t_r \approx 1$. In diesem Realfall können sich manche Elemente in ihrer Zusammensetzung nicht von der Umgebung unterscheiden, während anderer Elemente noch segregiert sind. In dieser Arbeit liegt das Verhältnis von t_μ/t_r im Bereich von 0,7 bis 58. Deshalb entspricht der Einfluss der Mikrovermischung dem Fall $t_\mu/t_r \approx 1$. Wie bereits in Kap. 6 dargestellt, hat die charakteristische Reaktionszeit bei Versuchen mit einer Initiatorkonzentration von 0,2 Gew.-%, und einem festen MMA-Molmassenstrom einen konstanten Wert. Durch die Einstellung der Drehgeschwindigkeit des Innenzylinders wird die Mikromischzeit beim Versuch verändert, so dass das Verhältnis t_μ/t_r dementsprechend gesteuert werden kann.

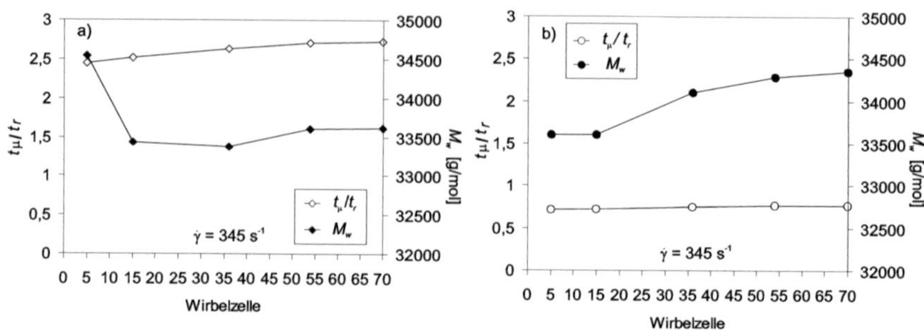

Abb. 7.14: Experimentell ermittelte Verläufe des mittleren Molekulargewichts mit der Änderung der berechneten Mikromischzeit entlang der Reaktorlänge bei einem axialen Volumenstrom von 1100 ml/h und zwei Drehgeschwindigkeiten von a) 44,4 rad/s ($\dot{\gamma}$ = 345 s^{-1}) und b) 74 rad/s ($\dot{\gamma}$ = 575 s^{-1}) des großen Innenzylinders

In Abb. 7.14 ist ein Vergleich von zwei Verläufen des mittleren Molekulargewichts entlang der Reaktorlänge mit zwei verschiedenen Zeitverhältnissen bei Versuchen mit einer mittleren Verweilzeit von 36 min für den großen Innenzylinder gezeigt. In Abb. 7.14a ist eine schwache Zunahme der Mikromischzeit bei $t_\mu/t_r > 1$ zu sehen, da die Viskosität während der Polymerisation steigt. Für das gradientenfreie System ($t_\mu/t_r < 1$) hingegen beeinflusst die Viskositätsänderung die Durchmischung auf molekularer Ebene nur wenig, weshalb die Zunahme der Mikromischzeit in Abb. 7.14b nur schwach ausgeprägt ist.

Der Vergleich dieser beiden Fälle zeigt zwei deutlich unterschiedliche Verläufe des mittleren Molekulargewichts entlang der Reaktorlänge. Bei $t_\mu/t_r > 1$ nimmt die mittlere Molmasse zunächst ersichtlich ab, steigt jedoch nach 20 Wirbelzellen langsam wieder etwas an. Dagegen bleibt die mittlere Molmasse bei $t_\mu/t_r < 1$ am Anfang unverändert in einem niedrigen Bereich, steigt anschließend mit zunehmender Anzahl der Wirbelzellen langsam an. Der Grund liegt darin, dass bei $t_\mu/t_r > 1$ die Monomere und Polymerradikale in ihrer Zusammensetzung noch der des Zulaufstroms entsprechen, das heißt, sie sind noch segregiert. Dies führt dazu, dass in den ersten Wirbelzellen Monomere nicht gleichzeitig beziehungsweise gleichmäßig an mehre Polymerradikale addiert werden können. Deshalb ist der Unterschied zwischen den langen und kurzen Polymerketten am Anfang besonders groß. Im Gegensatz dazu ist bei $t_\mu/t_r < 1$ die Flüssigkeitsmischung im TCR zu Beginn der Polymerisation bereits im molekular gut durchmischten Zustand. Damit können in den ersten Wirbelzellen kurze Polymerketten gebildet werden. Mit ansteigendem Umsatz nimmt die mittlere Molmasse dann zu.

In der Literatur sind einige Daten über den Umsatz des Monomers und die Partikelgröße in Abhängigkeit der Rotationsgeschwindigkeit des Innenzylinders bei der Emulsionspolymerisation in einem TCR zu finden (Wei et al., 2001). Leider haben die Autoren den Einfluss der Scherrate auf die Molmassenverteilung des Polymers nicht diskutiert. Deshalb ist es von hohem Interesse, die Auswirkung der Scherrate auf die mittlere Molmasse beziehungsweise den Polydispersitätsindex zu ermitteln. Abb. 7.15 zeigt eine fallende Tendenz des mittleren Molekulargewichts vom Polymerprodukt mit ansteigender Scherrate. Dabei ergibt sich eine starke Schwankung der Messdaten um die Trendlinie. Im Allgemeinen ist zu erkennen, dass das mittlere Molekulargewicht mit abnehmender mittlerer Verweilzeit ansteigt und mit zunehmender Scherrate absinkt. Der Grund dafür ist, dass mit hoher Scherrate die Monomere auf molekularer Ebene gleichmäßig an die Polymerradikale addiert werden können. Dabei bilden sich mehrere kürzere Polymerkette, und das mittlere Molekulargewicht wird kleiner.

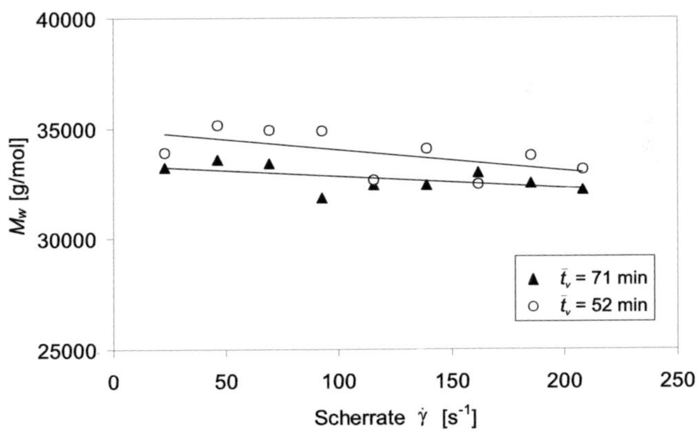

Abb. 7.15: Experimentell ermittelte mittlere Molekulargewichte des Polymerprodukts bei verschiedenen Scherraten für den mittleren Innenzylinder

Die Mikromischzeit wird durch die Erhöhung der Rotationsgeschwindigkeit des Innenzylinders verkürzt, damit der Segregationsgrad, den man mittels des in Kap.6 entwickelten Vermischungsmodells berechnet hat, mit zunehmender Drehgeschwindigkeit (bzw. Scherrate) sinkt. Die Mikromischzeit, die sich durch ihre Definition (Gln. 6.36 und 6.37) und den entsprechenden Korrelationen (Gln. 6.38 und 6.39) numerisch berechnen lässt, wurde direkt aus dem Mikromischmodell von Racina (2009) übernommen. Zur Berechnung dieser charakteristischen Zeit wurde die Mikrovermischung nicht mit der Umsatzzunahme beziehungsweise der Viskositätsänderung entlang der Reaktorlänge während der Polymerisationsreaktion verknüpft. Dabei ist es nicht ausreichend, nur mit Hilfe der Mikromischzeit den Einfluss der Mikrovermischung auf die Polymereigenschaften zu erfassen. Zur Ergänzung der Mikrovermischung wurde bei der Modellierung in Kap. 6 zusätzlich noch der Segregationsgrad unter Betrachtung des gesamten TCRs eingeführt. Mit den ermittelten Anpassungsparametern kann der Segregationsgrad die Verhältnisse während der Polymerisation auf molekularer Ebene gut beschreiben. Deshalb wird in dieser Arbeit die Mikromischzeit beziehungsweise das Verhältnis t_μ/t_r benutzt, wenn die Auswirkung der Mikrovermischung während des Verlaufs der Polymerisation betrachtet wird. Andernfalls wird der Segregationsgrad eingesetzt, um die Produkteigenschaften des Polymers in Abhängigkeit der Mikrovermischung innerhalb einer Versuchsreihe zu vergleichen.

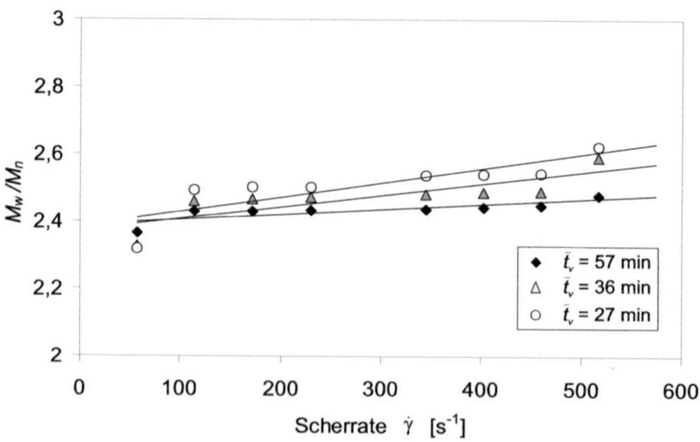

Abb. 7.16: Experimentell ermittelte Polydispersitätsindizes des Polymerprodukts bei verschiedenen Scherraten für den großen Innenzylinder

In Abb. 7.16 sind die Polydispersitätsindizes des Polymerprodukts über die Scherraten aufgetragen. Die Mikrovermischung wird in dieser Arbeit bei hoher

Scherrate verbessert, da der entsprechende Umsatz hoch ist und die Verweilzeitverteilung verbreitert wird. Bei hoher Scherrate wird ein normaler TCR annäherungsweise als CSTR betrachtet. Dies ist in Abb. 7.16 durch eine klare Verbreiterung der Molmassenverteilung mit zunehmender Scherrate deutlich zu sehen. Das bedeutet, dass der Unterschied zwischen den langen und kurzen Polymerketten größer wird. Es ist bekannt, dass wegen der guten Mikrovermischung mit der breiten Verweilzeitverteilung im kontinuierlichen Reaktor eine breite Molmassenverteilung des Polymers produziert werden kann. In diesem Fall führt die hohe Scherrate zu einer breiten Molmassenverteilung. Insbesondere sind noch zwei Datenpunkte in Abb. 7.16 bei der Scherrate von 513 s^{-1} für den großen Zylinder im niedrigen Verweilzeitbereich extrem hoch. Die Begründung erfolgt in dieser Arbeit durch die Annährung des TCRs an einen CSTR bei hoher Scherrate.

Aufgrund der geringen Veränderung der Mikromischzeit entlang der Reaktorlänge wurde der Segregationsgrad mit der mittleren Mikromischzeit (Gl. 7.16) mit Gl. 6.22 berechnet. Auf diese Weise steht für jeden Versuch nur ein sogenannter mittlerer Segregationsgrad zur Verfügung, über den das mittlere Molekulargewicht des Polymerprodukts aufgetragen werden kann.

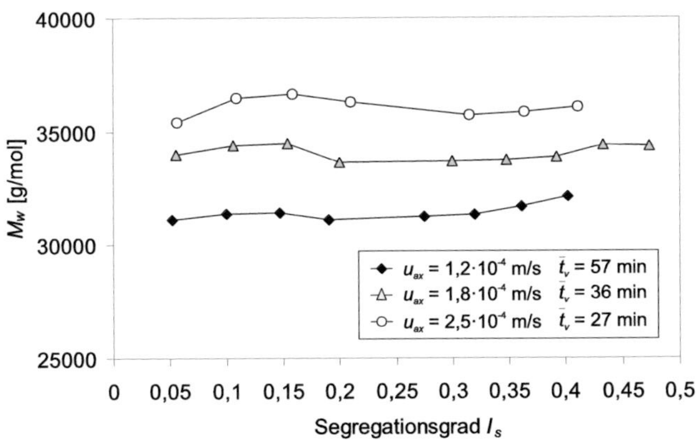

Abb. 7.17: Verläufe des mittleren Molekulargewichts des Polymerprodukts in Abhängigkeit vom mittleren Segregationsgrad bei verschiedenen axialen Geschwindigkeiten im Spalt für den großen Innenzylinder

In Abb. 7.17 sind die Verläufe des mittleren Molekulargewichts des Polymerprodukts in Abhängigkeit vom Segregationsgrad bei verschiedenen axialen Volumenströmen für den großen Innenzylinder dargestellt. Liegt der

Segregationsgrad im Bereich kleiner als 0,2, so bleibt das mittlere Molekulargewicht bei der mittleren Verweilzeit von 57 min (dementsprechend u_{ax} = $1{,}2 \cdot 10^{-4}$ m/s) fast konstant. Im Vergleich zur Molmasse der kleinen axialen Geschwindigkeit vergrößert sich die mittlere Molmasse bei anderen axialen Geschwindigkeiten mit Zunahme des Segregationsgrades zunächst, fällt dann jedoch wieder ab. Mit zunehmender axialer Geschwindigkeit wird diese Tendenz verstärkt. Die Ursache hierfür liegt darin, dass die kleine Verweilzeit einem großen axialen Volumenstrom entspricht. Das heißt, dass die Mikrovermischung im TCR nicht nur von der Rotationsgeschwindigkeit, sondern auch von der axialen Geschwindigkeit im Spalt abhängt. Insbesondere bei einer hohen axialen Geschwindigkeit wird die Molmassenverteilung durch die Mikrovermischung so stark beeinflusst, dass die Änderung der mittleren Molmasse hoch ist. Wenn der Segregationsgrad größer als 0,2 ist, wird eine leichte Zunahme mit zunehmendem Segregationsgrad erwartet, da die Mikrovermischung langsamer wird.

8 Resümee und Ausblick

8.1 Zusammenfassende Darstellung der Ergebnisse

Das primäre Ziel der vorliegenden Arbeit war die Untersuchung des Einflusses der Vermischung des reagierenden Monomer-Polymerlösung-Systems auf ein polymerisierendes Reaktionssystem, bei dem es zum Viskositätsanstieg kommt. Die Grundlagen für eine industrielle Anwendung wurden durch die Variation versuchstechnischer Parameter und durch die Modellierung des Polymerisationsablaufes mit Verwendung der in den vergangenen Forschungsphasen gewonnenen Ergebnissen über Strömungsstruktur und Mischverhalten in einem kontinuierlich betriebenen Taylor-Couette Reaktor, gelegt.

Als Test-Polymerisationssystem wurde in dieser Arbeit die freie radikalische Polymerisation von Methylmethacrylat (MMA) mit 2,2-Azoisobutyronitril (AIBN) als Initiator im Lösemittel Xylol bei einer Reaktionstemperatur von 80°C ausgewählt. Zur Untersuchung der Polymerisation in der Taylor-Couette Strömung ist eine neue Versuchsanlage unter Berücksichtigung der messtechnischen Anforderungen aufgebaut geworden. Der aus Edelstahl gefertigte TCR hat einen Innendurchmesser des Außenzylinders von 100 mm. Drei verschiedene Innenzylinder mit Außendurchmesser von 63, 75,8 und 88,6 mm wurden verwendet. Um Einlaufeffekte zu vermeiden, wurde das Unterteil des TCRs kegelförmig konstruiert. Die Reaktorlänge besitzt ohne den konischen Zulaufbereich, eine Länge von 390 mm. Dabei befinden sich insgesamt fünf Probenentnahmestellen auf einer Höhe von 22,8, 80, 200, 300 und 390 mm (s. Abb. 4.1).

Um die Reaktionskinetik und die Strömungseigenschaften während der Polymerisation im TCR zu validieren, wurde zunächst die Polymerisation von MMA im Batch-Verfahren untersucht. Dabei wurde ein Effekt, die sogenannte hydrodynamische Aktivierung, definiert. Die hydrodynamische Aktivierung beschreibt ein Phänomen, bei dem der Umsatz des Monomers und die Polymereigenschaften von fluiddynamischen Prozessparametern beeinflusst werden können. In dieser Arbeit wurde die hydrodynamische Aktivierung durch Ausdehnung und Entschlaufung der Polymerketten im Strömungsfeld erklärt. Deshalb sind Monomere und lebende Polymerketten beweglicher, und können sich schneller und einfacher miteinander in der polymerisierenden Flüssigkeitsmischung treffen. Während des Batch-Versuches steigt die Viskosität der reagierenden Flüssigkeitsmischung mit der Reaktionszeit deutlich an (von 1 mPas bis $1{,}5 \cdot 10^3$ mPas). Deshalb spielen der Lösemittelanteil und die Scherrate im Spalt wichtige Rollen, die das Strömungsprofil sowie die Rotations-

Reynoldszahl im Reaktor stark beeinflussen können. Bei einem Lösemittelanteil von 80 Gew.-% läuft die Strömung am Ende der Polymerisation ins Wellenregime, während die Rotations-Reynoldszahl bei einem Lösemittelanteil von 70 Gew.-% im Bereich des Taylor Vortex Flows liegt ($126 < Re_\phi < 136$). Bei einem Lösemittelanteil von 60 Gew.-% geht die Strömung vom turbulenten ins laminare Regime über. Der Strömungsprofilwechsel vollzieht sich beim Einsatz niedriger Lösemittelkonzentrationen schneller.

Niedrige Initiatorkonzentrationen führen zu einem hohen mittleren Molekulargewicht (M_w). Dabei wurde die Polymerisation mit zwei unterschiedlichen Initiatorkonzentrationen von 0,02 und 0,2 Gew.-% untersucht. Im Allgemeinen nimmt das mittlere Molekulargewicht mit zunehmender Scherrate und ansteigendem Lösemittelanteil ersichtlich ab. Bei einer kleinen Menge des Initiators steigt das mittlere Molekulargewicht mit der Reaktionszeit für den Fall des Lösemittelgehalts von 60 Gew.-% an. Im Gegensatz dazu hängt das mittlere Molekulargewicht für den Gehalt von 80 Gew.-% nicht vom Umsatz ab. Bei der Versuchsreihe mit einer Initiatorkonzentration von 0,2 Gew.-% und einem Lösemittelanteil von 80 Gew.-% nimmt das experimentell ermittelte Massenmittel der Molmasse M_w mit zunehmendem Umsatz ab. Dahingegen ist M_w beim kleinen Innenzylinder vorwiegend größer als beim mittleren Innenzylinder. In der logarithmischen Darstellung ist die Viskosität eine lineare Funktion des Umsatzes, und sie steigt mit abnehmender Scherrate langsam an.

Für die numerische Berechnung des Polymerumsatzes wird üblicherweise die Polymerisationskinetik benötigt. Diese berechnet sich aus Kettenwachstums- und Abbruchskoeffizient.

$$k = \frac{k_p}{\sqrt{k_t}} \tag{5.4}$$

In dieser Arbeit wurde angenommen, dass die Abbruchsreaktion einer Diffusionskontrolle unterliegt und die Diffusionskontrolle der Wachstumsreaktion nur bei sehr hohem Umsatz des Monomers eingreift. Da die experimentell ermittelten Umsätze aller Versuche nicht 70 % überschritten haben, wurde für die Kettenwachstumskonstante k_p ein fester Wert von 1317 l/mol/s bei 80°C angenommen (Beuermann et al. 1997).

Im TCR wurden unter der Diffusionskontrolle des Abbruchskoeffizienten k_t die turbulenten Wechselwirkungen berücksichtigt, weil sich im Spalt eine toroidale Wirbelstruktur ausgebildet hat. Das bedeutet, dass im TCR der Abbruchskoeffizient k_t zusätzlich von dem Term der Turbulenz beeinflusst wird.

$$k_t = k_1 \cdot D_P + \varsigma \cdot D_T \tag{5.10}$$

Die Korrelation zwischen k_t und $\dot{\gamma}$ wird hierbei vom kinetischen Modell von Marten und Hamielec (1982) aus der Freie-Volumen-Theorie und aus dem Fluidturbulenzmodell zusammen entwickelt. Durch die PIV-Versuche wurde gezeigt, dass k^2/ε im TCR mit abnehmender Drehgeschwindigkeit des Innenzylinders ansteigt (Racina, 2009). Der Diffusionskoeffizient D_T ist eine lineare Funktion von k^2/ε. Deshalb wurde als Turbulenzterm der Turbulenzdiffusionskoeffizient D_T eine lineare Funktion der Scherrate für die Korrelation vorgeschlagen. Der Term der molekularen Diffusion enthält einen vorexponentiellen Faktor und eine Exponentialfunktion des freien Volumens. Die Korrelation lautet demnach wie folgt:

$$k_t = -a_1 \cdot \dot{\gamma} + a_2 \cdot \exp\left(\frac{-1}{\Theta_F}\right) \tag{5.22}$$

mit

$$\Theta_F = 0{,}213 \cdot \left(\frac{V_M}{V_T}\right)_0 + 0{,}152 \cdot \left(\frac{V_L}{V_T}\right)_0 \tag{5.16}$$

Die Korrelation kann für den Fall verwendet werden, wenn im untersuchten TCR kein Gel-Effekt auftritt. Durch die Anpassung an die experimentellen Daten wurden die Parameter a_1 und a_2 in der Korrelation schließlich für den untersuchten Scherratebereich mit allen drei Innenzylindern berechnet (Tab. 5.5).

Im TCR wurde bereits nachgewiesen, dass die hydrodynamische Aktivierung ein wichtiges Phänomen für die freie radikalische Polymerisation ist. Um den Umsatzverlauf für die unterschiedlichen Innenzylinder bei variabler Scherrate, Konzentration des Lösemittels und Reaktorgeometrie im Batch-Versuch richtig beschreiben zu können, wurde die Korrelation zwischen der Reaktionskonstante und den fluiddynamischen Prozessparametern benötigt. Mit Hilfe der hydrodynamischen Aktivierung ist es möglich, im nächsten Arbeitsschritt die Makro- und Mikrovermischung während der Lösungspolymerisation in einem kontinuierlich betriebenen Taylor-Couette Reaktor zu modellieren.

Im nächsten Schritt ist ein Strömungsmodell der Makro- und Mikrovermischung während der kontinuierlichen Polymerisation im TCR erfolgreich aufgebaut worden. Mit diesem Modell ist die Berechnung der Makro- und

Mikromischzeiten möglich. Das Modell und die Simulationsrechnungen werden durch den Vergleich der numerischen und experimentellen Ergebnisse des Umsatzverlaufs des Polymers entlang der Reaktorlänge validiert. Da die Mesovermischung sehr schnell ist, wurde der Mischungseffekt auf der Mesoebene in dieser Arbeit vernachlässigt. Um den Umsatz des Monomers in jeder Wirbelzelle entlang der Reaktorlänge angemessen numerisch beschreiben zu können, muss man zur Modellierung die folgenden vier Phänomene, die Makrovermischung, Viskositätsänderung, Polymerisationskinetik und die Vermischung auf der molekularen Skala betrachten:

1. Zur Charakterisierung des Massentransports zwischen benachbarten Wirbelzellen im Spalt des TCRs wird das axiale Dispersionsmodell verwendet. Die experimentell kontinuierliche Polymerisation wurde zumeist im turbulenten Regime durchgeführt. Eine Ausnahme bilden Messungen von Strömungen, die bei einer Drehgeschwindigkeit von 7,4 rad/s erfasst wurden. Diese liegen im Übergangsbereich zwischen dem turbulenten und dem Wellenregime. Deshalb wurde die Korrelation von Racina (2009) die den Dispersionskoeffizient und die anderen Prozessparametern verknüpft, auf drei Fälle aufgeteilt: das Wellenregime, die Übergangsströmung und den turbulenten Bereich. Aufgrund des nicht-newtonschen Verhaltens der Lösung aus Monomer und Lösemittel wurden die Exponenten in den Korrelationen durch Anpassung der experimentellen Daten neu bestimmt. Die Korrelationen werden wie folgt zusammengefasst:

$$\frac{D_{ax}}{\nu} = 2 \cdot 10^{-3} \cdot \eta^{-1,75} \cdot Re_{\phi}^{1,5} \quad (Re_{\phi} / Re_{\phi,k} < 20, \text{ Wellenregime}) \tag{10.1}$$

$$\frac{D_{ax}}{\nu} = 2,4 \cdot 10^{-1} \cdot \eta^{-1} \cdot Re_{\phi}^{1,05} \cdot Re_{ax}^{0,25} \quad (20 < Re_{\phi} / Re_{\phi,k} < 50, \text{ Übergang}) \tag{10.2}$$

$$\frac{D_{ax}}{\nu} = 2,4 \cdot 10^{-1} \cdot \eta^{-1} \cdot Re_{\phi}^{1,3} \cdot Re_{ax}^{0,25} \quad (Re_{\phi} / Re_{\phi,k} > 50, \text{ Turbulentes Regime}) \tag{10.3}$$

2. Um die kinematische Viskosität des Umsatzes zu berechnen, wurde eine vereinfachte Korrelation aufgestellt, welche auf Basis des empirischen Modells von Lyons und Tobolsky (1970), die Viskosität in Abhängigkeit von der Polymermassenkonzentration in der Polymerlösung beschreibt.

$$\mu = \mu_L \cdot \left[1 + A \cdot x_{Polymer} \cdot exp\left(\frac{0,65 \cdot A \cdot x_{Polymer}}{1 - B \cdot x_{Polymer}} \right) \right] \tag{6.11}$$

mit

$$x_{Polymer} = 0{,}2 \cdot X = 0{,}2 \cdot \left(1 - \frac{C_M}{C_{M,0}}\right) \tag{6.12}$$

Diese Korrelation bietet den Vorteil, dass die Viskosität anstatt über rheometrische Messungen über den Umsatz formuliert werden kann. Dieser kann verhältnismäßig einfach durch die thermo-gravimetrischen Methode in einem Vakuumtrockenschrank bestimmt werden. Zur Aufstellung der Korrelation wurden für alle untersuchten Proben bei der Versuchsreihe mit einem Lösemittelanteil von 80 Gew.-% und zwei Initiatorkonzentrationen von 0,05 und 0,2 Gew.-% die Umsätze im Vakuumtrockenschrank bestimmt. Die Korrelation stimmt gut mit den experimentellen Werten über den gesamten Untersuchungsbereich überein. Der mittlere Fehler beträgt 9%. Die ermittelten Anpassungsparameter A und B für den großen und den kleinen Innenzylinder wurden in Tab. 6.2 aufgelistet. Für den mittleren Innenzylinder sind die ermittelten Werte von A und B bei verschiedenen Scherraten in Tab. 10.4 dargestellt, weil mit dem mittleren Zylinder die Flüssigkeitsmischung im TCR im Scherverdünnungs-Bereich ist.

3. Es ist bereits bekannt, dass k_t von hydrodynamischen Prozessparametern beeinflusst wird. Mit Hilfe der für hydrodynamische Aktivierung aufgestellten Korrelation wurde die Bruttopolymerisationsgeschwindigkeit wie folgt berechnet:

$$r_P = -\frac{1317}{\sqrt{k_t = -a_1 \cdot \dot{\gamma} + a_2 \cdot \exp\left(\frac{-1}{\Theta_F}\right)}} \cdot \sqrt{2 \cdot F \cdot k_d} \cdot C_{MMA} \cdot \sqrt{C_{AIBN}} \tag{10.4}$$

4. Zur Modellierung der Mikrovermischung wurde der Segregationsgrad I_s aus dem Diffusionsmodell von Villermaux (1983 und 1986) mit Hilfe der Hypothese von Toor (1962 und 1969) eingeführt. In dieser Arbeit beschreibt der Segregationsgrad die Mischqualität zwischen den Monomeren und den Polymerradikalen während der Polymerisation im TCR. Überdies wurden die Kettenwachstums- und Abbruchsreaktionen als Reaktionen zweiter Ordnung für die Mikrovermischung betrachtet.

Dabei hängt der Segregationsgrad vom Verhältnis der charakteristischen Reaktionszeit t_r zur Mikromischzeit t_μ ab (Villermaux et al., 1983 und 1986).

$$\frac{1-I_s^2}{I_s^2} = a \cdot \left(\frac{t_r}{t_\mu}\right)^b \tag{6.22}$$

mit der charakteristischen Reaktionszeit

$$t_r = \frac{1}{k_p \cdot C_{MMA,0}} \tag{6.32}$$

und der Mikromischzeit

$$t_\mu = \sqrt{\frac{\nu}{\varepsilon}} \tag{6.35}$$

Die Energiedissipationsrate ε ist abhängig vom dimensionslosen Drehmoment, der Reaktorgeometrie und der Drehgeschwindigkeit. Zur Berechnung der Mikromischzeit wurde über Korrelationen der Zusammenhang zwischen dem dimensionslosen Drehmoment und der Reaktorgeometrie sowie der Rotations-Reynoldszahl hergestellt (Racina und Kind, 2006).

Über das in dieser Arbeite entwickelten Mischungsmodell können durch die numerische Simulation die experimentellen Daten sehr gut wiedergegeben werden. Dabei wurden die Korrelationsparameter *a* und *b* in Gl. 6. 22 durch Anpassung des Modells an die experimentellen Umsätze bestimmt. Bei den mittleren und großen Innenzylindern nimmt der Parameter *a* mit abnehmender mittlerer Verweilzeit ab, und für den kleinen und mittleren Zylinder steigt *b* mit abnehmender mittlerer Verweilzeit an. Die beiden Parameter *a* und *b* hängen jedoch von der Initiatorkonzentration bei gleicher mittlerer Verweilzeit ab. Im Vergleich zu den Werten für die Initiatorkonzentration von 0,05 Gew.-% beim großen Innenzylinder müssen die beiden Parameter für die Konzentration von 0,2 Gew.-% neu ermittelt werden. Außerdem sind sie eine Potenzfunktion der mittleren Verweilzeit.

Bei niedrigen Scherraten weicht die Simulation für den kleinen und mittleren Innenzylinder etwas ab, besonders wenn die Verweilzeit größer als 100 min ist. Deshalb gilt dieses Modell für die numerische Berechnung der kontinuierlichen Polymerisation im TCR bei einer hohen Scherrate (turbulente Strömung) und einer niedrigen mittleren Verweilzeit ($\bar{t}_V$ < 100 min).

Im letzten Schritt wurde zunächst der Einfluss der Prozessparameter und der Reaktorgeometrie auf den Umsatz des Monomers ermittelt. Eine steigende

Tendenz ist beim Umsatz entlang der Reaktorlänge ersichtlich. Dazu nimmt der Umsatzverlauf im untersuchten Bereich mit ansteigender mittlerer Verweilzeit und zunehmender Initiatormenge zu. Bei gleicher Reaktorlänge ist der Umsatz des Monomers beim kleinen Innenzylinder höher als beim großen Innenzylinder. Außerdem spielt die Scherrate eine wichtige Rolle. Die Umsatzzunahme ist bei einer niedrigen Scherraten ($\dot{\gamma} < 60\ s^{-1}$) deutlich schneller als in den anderen Fällen. Je höher die Scherrate, desto flacher ist der Umsatzverlauf. Während der TCR bislang immer als Strömungsrohr betrachtet wurde, ist es bei sehr hohen Scherraten jedoch möglich, ihn als einen CSTR zu approximieren.

Bei einheitlicher Drehgeschwindigkeit im TCR hängt der Umsatz nur noch von der mittleren Verweilzeit ab. Hierzu wurde in dieser Arbeit eine einfache Methode zur Berechnung des Produktumsatzes über die mittlere Verweilzeit geliefert. Die Korrelation des Umsatzes des Polymerprodukts wurde über die dimensionslose Damköhler-Zahl wie folgt aufgestellt:

$$1 - X = \exp(-\lambda \cdot Da_I) \tag{7.8}$$

Mit dem durch Anpassung an die experimentellen Daten bestimmten Parameter λ, kann diese Korrelation für die Polymerisation im TCR mit den kleinen und großen Innenzylindern im untersuchten Bereich gut verwendet werden.

Die Molmassenverteilung eines Polymers beschreibt die Polymerqualität. Hierbei wurde der Einfluss der Prozessparameter, der Reaktorgeometrie beziehungsweise der Makro- und Mikrovermischungen auf die Molmassenverteilung des Polymethylmethacrylats untersucht. Auf Basis der Kuhn-Mark-Houwink-Sakurada-Gleichung wurde zuerst das mittlere Molekulargewicht des Polymers (M_w) anhand einer linearen Funktion der Damköhler-Zahl im Exponent in der dimensionslosen Taylor-Zahl korreliert, welche es ermöglicht, technische TCRen auszulegen. Mit den drei Anpassungsparameter κ, p und q kann das mittlere Molekulargewicht berechnet werden. Es ergab folgende, für alle untersuchten Innenzylinder gültige Bestimmungsgleichung mit einem Fehler-Intervall von ±10% für das turbulente Regime:

$$M_w = \kappa \cdot Ta^{-(p \cdot Da_I + q)} \tag{7.14}$$

In Zukunft ist es mit Hilfe dieser Korrelation möglich, anhand der Bestimmung der Damköhler-Zahl das mittlere Molekulargewicht zu berechnen, so dass zeitaufwendige und teure GPC-Messungen zur Bestimmung der mittleren Molmassen entfallen. Diese Korrelation ist von besonderer Bedeutung für die Implementierung des TCRs und für erste schnelle Abschätzungen der mittleren Molmasse des Polymerprodukts aus dem TCR.

Ein Vergleich der Molmassenverteilung bei verschiedenen Damköhler-Zahlen und Scherraten ergab, dass die mittlere Molmasse mit abnehmender Damköhler-Zahl und Scherrate ansteigt. Wie bereits oben in der Korrelation (Gl. 7.14) angedeutet, wird die Molmassenverteilung von der Damköhler-Zahl stark beeinflusst. Durch die in dieser Arbeit dargestellten experimentellen Ergebnisse wurde bereits gezeigt, dass es beim mittleren Molekulargewicht eine exponentiell fallende Tendenz mit ansteigender Damköhler-Zahl gibt. Der Polydispersitätsindex nimmt mit abnehmender mittlerer Verweilzeit und mit zunehmender Scherrate zu, da die hohe Scherrate einer breiten Verweilzeitverteilung entspricht. Während der breiten Verweilzeitverteilung im kontinuierlichen Reaktor kann eine breite Molmassenverteilung des Polymers produziert werden. Deshalb führt die hohe Scherrate zu einer breiten Molmassenverteilung.

Der Einfluss der Makro- und Mikrovermischung auf die Polymereigenschaften ist durch die ausgewerteten Molekulargewichte und Dispersitätsindizes der Polymerproben mit Hilfe des Vermischungsmodells ermittelt worden. Mit dem in Kap. 6 entwickelten Mischungsmodell können die Makro- und Mikromischzeit berechnet werden. Dazu nehmen die beiden Mischzeiten mit zunehmender Scherrate und mit ansteigendem Durchmesser des Innenzylinders ab. Um die Mikrovermischung auf den Ablauf der kontinuierlichen Polymerisation im TCR genau anzupassen, wurde an dieser Stelle ein Parameter t_μ/t_r eingeführt. Als Beispiel zeigt ein Vergleich der zwei Verläufe des mittleren Molekulargewichts entlang der Reaktorlänge mit einer mittleren Verweilzeit von 36 min für den großen Innenzylinder, dass bei $t_\mu/t_r > 1$ die mittlere Molmasse zunächst ersichtlich reduziert wird, und nach 20 Wirbelzellen wieder in einen niedrigen Bereich der mittleren Molmasse langsam ansteigt. Im Gegensatz dazu bleibt die mittlere Molmasse bei $t_\mu/t_r < 1$ am Anfang in einem kleinen Bereich konstant, anschließend steigt sie mit zunehmender Anzahl der Wirbelzellen langsam an.

Zur weiteren Beschreibung der Beziehung der Mikrovermischung und der Molmassenverteilung des Polymerprodukts wurde hier der Segregationsgrad verwendet. Bei Segregationsgraden $I_s < 0,2$ für den großen Zylinder ist das mittlere Molekulargewicht bei einer niedrigen mittleren Verweilzeit von 57 min ($u_{ax} = 1,2 \cdot 10^{-4}$ m/s) konstant. Bei anderen mittleren Verweilzeiten steigt die mittlere Molmasse zuerst an, und nimmt dann wieder ab. Je kleiner die mittlere Verweilzeit (große axiale Geschwindigkeit im Spalt), desto stärker ausgeprägt ist diese Tendenz. Wenn der Segregationsgrad I_s > 0,2 ist, tritt eine leichte Zunahme der mittleren Molmasse mit zunehmendem Segregationsgrad auf.

Zusammenfassend lässt sich sagen, dass es in der hier vorliegenden Arbeit gelungen ist, über experimentelle Validierung von Kinetik, Viskositätsänderung und Implementierung des Makro-, und Mikrovermischungsmodells den Einfluss der Prozessparameter und der Reaktorgeometrie auf die Polymereigenschaften zu bestimmen. Mit den in dieser Arbeit erfassten Ergebnissen ist es möglich, den Ablauf der Polymerisationsreaktion im TCR unter den sich aus den Prozessparametern ergebenden Mischbedingungen vorherzusagen. Somit kann die gewünschte Produkteigenschaft, die stark durch Mischeinflüsse geprägt ist, gezielt ermittelt werden. Zusätzlich können bei der Optimierung der Produktqualität die untersuchten Prozessbedingungen als mögliche Arbeitspunkte ausgewählt werden.

8.2 Ausblick

Für zukünftige Arbeiten stellt die Aufklärung der Verknüpfung von allgemeiner Kinetik und den Prozessparametern einen interessanten Ansatzpunkt dar. In der aktuellen Arbeit wurden die kinetischen Daten von MMA durch Batch-Versuche im TCR ermittelt. Die Polymerisation mit anderen Stoffsystemen (z. B. Methylacrylat, Butylacrylat etc.) könnte ebenfalls untersucht werden, und damit der Einfluss der Prozessparameter auf allgemeine kinetische Daten (z. B. für Acrylate) zusammenzufassen, um auf diese Weise mehr Daten für Polymerisationsreaktionen im TCR zu gewinnen.

Im Rahmen der hier veröffentlichen Ergebnisse wurde die Lösungspolymerisation von MMA mit Xylol und AIBN im TCR bei 80°C betrachtet. In der Praxis wird wesentlich häufiger die Massepolymerisation eingesetzt. Würde der Taylor-Couette Reaktor tatsächlich in der Industrie eingesetzt werden, müsste der Reaktor für die Massepolymerisation geeignet sein. Es hat sich schon gezeigt, dass der TCR eine große Kontaktfläche zwischen Reaktorwand und Reaktanden für gute Wärmezu- und abfuhr bietet, so dass der Gel-Effekt bei der Massepolymerisation gut vermieden werden kann. Im Vergleich zu anderen Rührorganen erzeugt der innere Zylinder im ganzen Reaktionsraum ein großes Drehmoment, weshalb der Reaktor auch mit hochviskosen Fluiden betrieben werden kann. Zusätzlich ist die Copolymerisation ein konkurrierendes Reaktionssystem, bei der die Produkteigenschaften stark von der Mischqualität beeinflusst werden. Durch eine kontinuierliche Copolymerisation kann der Einfluss der Vermischung auf die Polymerisationsreaktion gut erfasst werden, was quantitative Erkenntnisse über das Mischverhalten im TCR für einen weiten

Parameterbereich erlaubt. In zukünftigen Arbeiten sollte der Einfluss der Prozessparameter auf den Umsatz und auf die Molmassenverteilung bei der kontinuierlichen Massepolymerisation oder bei der Copolymerisation im TCR untersucht werden.

Das in dieser Arbeit entwickelte Modell für die Vermischung bei der Polymerisation im TCR, kann gut an experimentelle Daten angepasst werden. In der kommenden Arbeit soll das bestehende Modell weiterentwickelt werden. Auf dieser Basis müsste der Einfluss der Prozessparameter auf M_w, M_n und M_w/M_n modelliert werden. Hierbei wird in jeder Wirbelzelle das Polymerkettenwachstum betrachtet. Bei guter Vermischung würden weitere Monomere an die Polymerradikale addiert werden. Bei sehr schlechter Vermischung würden im Reaktor zudosierte, neue Monomere bevorzugt untereinander reagieren und nur im geringen Maß an die Polymerradikale addiert werden, damit die Polymerketten weiter wachsen können.

9 Literaturverzeichnis

Ahn, S.M., Chang, S.C., Rhee, H.K., (**1998**) Application of Optimal Temperature Trajectory to Batch PMMA Polymerization Reactor, J. App. Polymer Sci. 69, 59-68

Andereck, C.D., Liu, S.S., Swinney, H., (**1986**) Flow regimes in a circular Couette system with independently rotating cylinders, J. Fluid Mech. 164, 155-183

Baerns, M., Hofmann, H., Renken, A., (**1987**) Chemische Reaktionstechnik – Lehrbuch der Technischen Chemie, Georg Thieme Verlag, Stuttgart New York

Baerns, M., Behr, A., Brehm, A., Gmehling, J., Hofmann, H., Onken, U., Renken, A., (**2006**) Technische Chemie, Wiley-VCH Verlag, Weinheim

Baldyga, J., Pohorecki, R., (**1995**) Turbulent micromixing in chemical reactors – a review, Chem. Eng. J. 58, 183-195

Baldyga, J., Bourne, J.R., (**1999**) Turbulent mixing and chemical reactions, Wiley and Sons, Chichester

Barner-Kowollik, C., Buback, M., Egorov, M., Fukuda, T., Goto, A., Olaj, O.F., Russell, G.T., Vana, P., Yamada, B., Zetterlund, P.B., (**2005**) Critically evaluated termination rate coefficients for free-radical polymerization: Experimental methods, Prog. Polym. Sci. 30, 605-643

Bueche, F., (**1962**) Physical Properties of Polymers, Interscience, New York

Beuermann, S., Buback, M., Russell, G.T., (**1994**) Rate of propagation in free-radical polymerization of methyl methacrylate in solution, Macromol. Rapid Commun. 15, 647-653

Beuermann, S., Buback, M., Russell, G.T., (**1995**) Kinetics of free radical solution polymerization of methyl methacrylate over an extended conversion range, Macromol. Chem. Phys. 196, 2493-2516

Beuermann, S., Buback, M., (**1997**) Free-radical polymerization kinetics at high pressures, High Pressure Research 15, 333-367

Beuermann, S., Buback, M., Davis, T.P., Gilbert, R.G., Hutchinson, R.A., Olaj, O.F. Russell, G.T., Schweer, J., Van Herk, A.M., (**1997**) Critically evaluated rate coefficients for free-radical polymerization, 2 Propagation rate coefficients for methyl methacrylate, Macromol. Chem. Phys. 198, 1545-1560

Beuermann, S., (**2002**) Propagation Kinetics in Free-Radical Polymerizations, Macromol. Symp. 182, 31-42

Beuermann, S., Buback, M., Gadermann, M., Jürgens, M., Günzler, F., (**2004a**) Continuous Styrene-Methyl Methacrylate-Glycidyl Methacrylate Terpolymerizations in Homogeneous mixtures with Supercritical Carbon Dioxide, Macromol. Symp. 206, 229-239

Beuermann, S., Garcia, N., (**2004b**) A Novel Approach to the Understanding of the Solvent Effects in Radical Polymerization Propagation Kinetics, Macromol. 37, 3018-3025

Biesenberger, J.A., Tadmor, Z., (**1965**) Molecular Weight Distributions in Continuous Linear Addition Polymerizations, J. Appl. Polym. Sci. 9, 3409-3416

Biesenberger, J.A., Tadmor, Z., (**1966**) Residence Time Dependence of Molecular Weight Distributions in Continuous Polymerizations, Polym. Eng. Sci. 6, 299-305

Buback, M., Busch, M., Lovis, K., (**1995**) Mini-Technikumsanlage für Hochdruck-Polymerisationen bei kontinuierlicher Reaktionsführung, Chem. Ing. Tech. 67, 1652-1655

Buback, M., Egorov, M., Gilbert, R.G., Kaminsky, V., Olaj, O.F., Russell, G.T., Vana, P., Zifferer, G., (**2002**) Critically Evaluated Termination Rate Coefficients for Free-Radical Polymerization, 1 The Current Situation, Macromol. Chem. Phys. 203, 2570-2582

Bueche, F., (**1960**) Mechanical Degradation of High Polymers, J. Appl. Polym. Sci. 4, 101-106

Brandrup, J., Immergut, E.H., Grulke, E.A., (**1999**) Polymer Handbook, Fourth Edition, J. Wiley, Hoboken New Jersey

Brahm, M., (**2005**) Polymerchemie Kompakt Grundlagen – Struktur der Makromoleküle – Technisch wichtige Polymere und Reaktivsysteme, Hirzel Verlag, Stuttgart Leipzig

Chiu, W.Y., Carrat, G.M., Soong, D.S., (**1983**) A Computer Model for the Gel Effect in Free-Radical Polymerization, Macromolecules 16, 348-357

Couette, M., (**1890**) Etudes sur le frottement des liquids, Ann. Chim. Phys. 21, 443-510

Croockewit, P., Honig, C.C., Kramers, H., (**1955**) Longitudinal diffusion in liquid flow through an annulus between a stationary outer cylinder and a rotating inner cylinder, Chem. Eng. Sci. 4, 111-118

Curteanu, S., Bulacovschi, V., (**2004**) Empirical Models for Viscosity Variation in Bulk Free Radical Polymerization, Hemijska Industrija 58, 393-400

David, R., Lintz, H.G., Villermaux, J., (**1984**) Untersuchung der Durchmischung in kontinuierlich betriebenen Reaktoren mit Hilfe von chemischen Reaktionen, Chem. Ing. Tech. 56, 104-110

Danckwerts, P.V., (**1952**), The definition and measurement of some characteristics of mixing, Appl. Sci. Rec. A 3, 279-296

De La Fuente, J.L., Madruga, E.L., (**2000**) Homopolymerization of Methyl Methacrylate and Styrene: Determination of the Chain-Transfer Constant from the Mayo Equation and the Number Distribution for n-Dodecanethiol, J. Polymer Sci. Part A: Polymer Chemistry 38, 170–178

Desmet, G., Verelst, H., Baron, G.V., (**1996**) Local and Global Dispersion Effects in Couette-Taylor Flow – II. Quantitative Measurements and Discussion of the Reactor Performance, Chem. Eng. Sci. 51, 1299-1309

Desmet, G., Verelst, H., Baron, G.V., (**1997**) Transient and stationary axial dispersion in vortex array flows – II. Axial scan measurements and modelling of transient dispersion effects, Chem. Eng. Sci. 52, 2403-2419

Dubé, M.A., Penlidis, A., (**1995**) A systematic approach to the study of multicomponent polymerization kinetics: the buthyl acrylate/ methyl methacrylate/ vinyl acetate example, 2 Bulk (and Solution) terpolymerization, Macromol. Chem. Phys. 196, 1101-1112

Enokida, Y., Nakata, K., Suzuki, A., (**1989**) Axial turbulent diffusion in fluid between rotating coaxial cylinders, AIChE J. 35, 1211-1214

Fontoura, J.M.R., Santos, A.F., Silva, F.M., Lenzi, M.K., Lima, E.L., Pintoet, J.C., (**2003**) Monitoring and Control of Styrene Solution Polymerization Using NIR Spectroscopy, J. App. Polymer Sci. 90, 1273-1289

Foote, N.M., (**1944**) Thermoplastic Flow of Polystyrene, Ind. Eng. Chem. 36, 244-248

Fox, R.O., (**2003**) Computational Models for Turbulent Reacting Flows, Cambridge University Press

Fujita, H., (**1961**) Diffusion in polymer-diluent systems, Fortschr. Hochpolym.-Forsch. 3, 1-47

Geisler, R., Mersmann, A., Volt, H., (**1986**) Makro- und Mikromischen im Ruhrkessel, Chem. Ing. Tech. 60, 947-955

Giordano, R.L.C., Giordano, R.C., Prazers, D.M.F., (**2000**) Analysis of a Taylor-Poiseuille vortex flow reactor – II: reactor modeling and performance assessment using glucose-fructose isomerization as a test reaction, Chem. Eng. Sci. 55, 3611-3626

Hähnel, A.P., (**2011**) Kinetics and Modeling of Single Electron Transfer -Living Radical Polymerization, Diplomarbeit, Karlsruher Institut für Technologie (KIT), Institut für Technische Chemie und Polymerchemie

Hill, E., Krebs, B., Goodall, D., Howlett, G., Dunstan, D., (**2006**) Shear flow induces amyloid fibrilformation, Biomacromol. 7, 10–13

Imamura, T., Saito, K., Ishikura, S. (**1993**) A New Approach to Continuous Emulsion Polymerization, Polymer Intern. 30, 203-206

Jenckel, E., Ueberreiter, K., (**1938**) Über Polystyrolgläser verschiedener Kettenlänge, Z. Physik. Chem. (Leipzig) 182A, 361-383

Johnson, W.R., Price, C.C. (**1960**) Shear Degradation of Vinyl Polymers in Dilute Solution by High-speed Stirring, J. Polym. Sci. 45, 217-225

Kafarov, V.V., Glebov, M.B., (**1991**) Mathematische Modellierung der Hauptprozesse in chemischer Verfahrenstechnik, Vysschaya Schola, Moscow

Kádár, R., (**2010**) Flow of pure viscous and viscoelastic fluids between concentric cylinders with applications to rotational mixers, Dissertation, Politehnica University of Bucharest, Chair of Hydraulics and Hydraulic maschines

Kataoka, K., Doi, H., Hongo, T., Futagawa, M., (**1975**) Ideal Plug-Flow Properties of Taylor Vortex Flow, J. Chem. Eng. Of Japan 8, 472-476

Kataoka, K., (**1975**) Heat Transfer in a Taylor Vortex Flow, J. Chem. Eng. Of Japan 8, 271-276

Kataoka, K., Doi, H., Komai, T., (**1977**) Heat/Mass Transfer in a Taylor Vortex Flow with constant axial Flow Rates, Int. J. Heat Mass Transfer. 20, 57-63

Kataoka, K., Kouzu, M., Simamura, Y., Okubo, M., (**1995**) Emulsion polymerization of styrene in a continuous Taylor vortex flow reactor, Chem. Eng. Sci. 50, 1409-1416

Kumar, A., Gupta, S.K., Mohan, R., (**1980**) Effect of shear rate on the rate of radical polymerization of methyl methacrylate, European Polym. J. 16, 7-10

Kunowa, K., Schmidt-Lehr, S., Pauer, W., Moritz, H.U., Schwede, C., (**2007**) Characterization of Mixing Efficiency in Polymerization Reactors Using Competitive-Parallel Reactions, Macromol. Symp. 259, 32-41

Lechner, M.D., Gehrke, K., Nordmeier, E.H., (**2003**) Makromolekulare Chemie, third ed. Birkhäuser Verlag, Basel

Lee, A., McHugh, A., (**1999**) The effect of simple shear flow on the helix-coil transition of poly-L-lysine, Biopolymers 50, 589–594

Levenspiel, O., (**1999**) Chemical Reaction Engineering, 3rd ed. John Wiley and Sons, Hoboken

Liu, C.I., Lee, D.J., (**1999**) Micromixing effects in a Couette flow reactor, Chem. Eng. Sci. 54, 2883-2888

Lueptow, R.M., Docter, A., Min, K., (**1992**) Stability of axial flow in an annulus with a rotating inner cylinder, Phys. Fluids A4, 2446-2455

Luo, W.B., Yang, T.Q., Wang, X.Y., (**2005**) Effects of Temperature and Stress Level on the Free Volume in High Polymers, Polym. Mater. Sci. Eng. 21, 11-15

Lyons, P.F., Tobolsky, A.V., (**1970**) Viscosity of Polypropylene Oxide Solutions over the Entire Concentration Range, Polymer Eng. Sci. 10, 1-3

Mallock, A., (**1888**) Determination of the viscosity of water, Proc. Royal Soc. 45, 126-132

Matyjaszewski, K., Patten, T.E., Xia, J.H., (**1997**) Controlled/"Living" Radical Polymerization. Kinetics of the Homogeneous Atom Transfer Radical Polymerization of Styrene, J. Am. Chem. Soc. 119, 674-680

Matyjaszewski, K., Gnanou, Y., Leibler, L., (**2007**) Macromolecular Engineering, Volume 1: Synthetic techniques, Wiley-VCH Verlag, Weinheim

Marten, F.L., Hamielec, A.E., (**1979**) High Conversion Diffusion – Controlled Polymerization, ACS Symp. Ser. 104, 43-70

Marten, F.L., Hamielec, A.E., (**1982**) High – Conversion Diffusion – Controlled Polymerization of Styrene I, J. App. Polymer Sci. 27, 489-505

Merrill, E.W., Mickely, H.S., Ram, A., (**1962**) Notes: Degradation of Polymers in Solution Induced by Turbulence and Droplet Formation, J. Polym. Sci., S109-S113

Meyer, T., Renken, A., (**1990**) Characterization of Segregation in a tubular Polymeriztaion Reactor by a New Chemical Method, Chem. Eng. Sci. 45, 2793-2800

Mezger, T., (**2006**) Das Rheologie-Handbuch: für Anwender von Rotations- und Oszillations-Rheometern, 2. Auflage, Vincentz Network, Hannover

Moore, C., Cooney, C.L., (**1995**) Axial Disperison in Taylor-Couette Flow, AIChE J. 41, 723-727

Nauman, E.B., (**1974**) Mixing in Polymer Reactors, Polymer Reviews 10, 75-112

Newton, I., (**1934**) Principia: Vol. 1 The Motion of Bodies, F. Cajori, ed., U. Calif. Press, Berkeley, 385-386

Odian, G., (**2004**) Principles of Polymerization, J. Wiley, New York

Ogihara, T., Matsuda, G., Yanagawa, T., Ogata, N., Fujita, K., Nomura, M., (**1995**) Continuous Synthesis of monodispersed silica particles using Couette-Taylor vortex flow, J. Cer. Soc. Jap., Int. Edition 103, 151-154

Ohmura, N., Kataoka, K., Shibata, Y., Makino, T., (**1997**) Effective mass diffusion over cell boundaries in a Taylor-Couette flow system, Chem. Eng. Sci. 52, 1757-1765

O'Neil, G.A., Wisnudel, M.B., Torkelson, J.M., (**1996**) A Critical Experimental Examination of the Gel Effect in Free Radical Polymerization: Do Entanglements Cause Autoacceleration?, Macromolecules 29, 7477-7490

O'Neil, G.A., Wisnudel, M.B., Torkelson, J.M., (**1998**) An Evaluation of Free Volume Approaches to Describe the Gel Effect in Free Radical Polymerization, Macromolecules 31, 4537-4545

Parker, J., Merati, P., (**1996**) An investigation of turbulent Taylor-Couette flow using Laser-Doppler velocimetry in a refractive index matched facility, J. Fluids Eng. 118, 810-818

Pauer, W., Moritz, H.U., (**2006**) Continuous Reactor Concepts with Superimposed Secondary Flow – Polymerization Process Intensification, Macromol. Symp. 243, 299-308

Pohorecki, R., Baldyga, J., (**1983**) New Model of Micromixing in Chemical Reactors I. General Development and Application to a Tubular Reactor, Ind. Eng. Chem. Fund. 22, 392-397

Pudjiono, P.I., Tavare, N.S., Garside, J., Nigam, K.D.P., (**1992**) Residence time distribution from a continuous Couette flow device, Chem. Eng. J. 48, 101-110

Quarch, K., (**2010**) Produktgestaltung an kolloidalen Agglomeraten und Gelen – Gelierung und Fragmentierung anorganisch gefällten Siliciumdioxids, Karlsruher Institut für Technologie (KIT), Institut für Thermische Verfahrenstechnik

Racina, A., Kind, M., (**2006**) Specific power input and local micromixing times in turbulent Taylor–Couette flow, Exp. in Fluids 41, 513–522

Racina, A., (**2009**) Vermischung in Taylor-Couette Strömung, Dissertation, Universität Karlsruhe, Institut für Thermische Verfahrenstechnik

Rayleigh, L., (**1916**) On the dynamics of revolving fluids, Proc. Royal Soc. A 93, 148-154

Richter, O., Hoffmann, H., Kraushaar-Czarnetzki, B., (**2008**) Effect of the rotor shape on the mixing characteristics of a continuous flow Taylor-vortex Reactor, Chem. Eng. Sci. 63, 3504-3513

Richter, O., Menges, M., Kraushaar-Czarnetzki, B., (**2009**) Investigation of mixing in a rotor shape modified Taylor-vortex reactor by the means of a chemical test reaction, Chem. Eng. Sci. 64, 2384-2391

Rink, M., Pavan, A., (**2004**) Concentration Dependence of Zero-Shear Viscosity for Polymer Solutions: A Test of the Lyons-Tobolsky Equation, Polymer Eng. Sci. 18, 755-766

Rüttgers, A., Negoita, I., Pauer, W., Moritz, H.U., (**2007**) Process Intensification of Emulsion Polymerization in the Continuous Taylor Reactor, Macromol. Symp. 259, 26-31

Sangwai, J.S., Saraf, D.N., Gupta, S.K., (**2006**) Viscosity of bulk free radical polymerizing systems under near-isothermal and non-isothermal conditions, Polymer 47, 3028-3035

Snyder, H.A., (**1962**) Experiments on the stability of spiral flow at low axial Reynolds numbers, Proc. R. Soc. London Ser. A265 1321, 198-214

Stokes, G.G., (**1880**) Mathematical and Physical Papers, Cambridge Univ. Press, vol. 1, 102-104

Tadmor, Z., Biesenberger, J.A., (**1966**) Influence of segregation on molecular weight distribution in continuous linear polymerizations, Ind. Eng. Chem. Fundam. 5, 336-343

Tam, W.Y., Swinney, H.L., (**1987**) Mass transport in turbulent Couette-Taylor flow, Phys. Rev. A36, 1374-1381

Taylor, G.I., (**1923**) Stability of a viscous fluid contained between two rotating cylinders, Philos. Trans. Roy. Soc. Lond. A223, 289-343

Thiele, R., Breme, J., (**1988**) Micro- and Macromixing in Polymerization Reactors, Intern. Polymer Processing III, 48-83

Toor, H.L., (**1962**) Mass transfer in dilute turbulent or nonturbulent systems with rapid irreversible reactions and equal diffusivities, AIChE J 8, 70-78

Toor, H.L., (**1969**) Turbulent mixing of two species with and without chemical reactions, Ind. Eng. Chem. Fund. 8, 655-659

Trommsdorf, E., Köhle, H., Lagally, P., (**1948**) Zur Polymerisation des Methacrylsäuremethylesters, Die makrom. Chemie B I, 165-198

Villermaux, J., Reneacute, D., (**1983**) Recent advances in the understanding of micromixing phenomena in stirred reactors, Chem. Eng. Commun. 21, 105-122

Villermaux, J., (**1986**) Micromixing phenomena in stirred reactors, in: Cheremisinoff, N.P., Nicholas, P. (Eds.), Encyclopedia of Fluid Mechanics. Gulf Publishing Company, 707-771

Vrentas, J.S., (**1977**) Diffusion in Polymer – Solvent Systems. I. Reexamination of the Free-Volume Theory, J. Polym. Sci. 15, 403-416

Wei, X., Takahashi, H., Sato, S., Mamoru, N., (**2001**) Continuous Emulsion Polymerization of Styrene in a Single Couette–Taylor Vortex Flow Reactor, J. Appl. Polym. Sci. 80, 1931-1942

Weickert, G., Tefera, N., (**1992**) Model selection by simultaneous parameter estimation from conversion and polymerization degree data, 4th International Workshop on Polymer Reaction Engineering, Berlin 1992, Dechema Monographien 127, 115-122

Wiley, F.E., (**1941**) Working-Range Flow Properties of Thermoplastics, Ind. Eng. Chem. 33, 1377-1380

Woliński, J., Wroński, S., (**2009**) Interfacial polycondensation of polyarylate in Taylor-Couette-Reactor, Chem. Eng. Process. 48, 1061-1071

Woods, A.W., Caulfield, C.P., Landel, J.R., Kuesters, A., (**2010**) Non-invasive turbulent mixing across a density interface in a turbulent Taylor–Couette flow, J. Fluid Mech. 663, 347-357

Zeldovich, Ya.B., (**1982**) Exact solution of the problem of diffusion in a periodic velocity field, and turbulent diffusion, Sov. Phys. – Dokl. 27, 797-799

Eigene Veröffentlichungen, Tagungsbeiträge und Vortragseinladungen zum Einfluss der Vermischung auf die Polymerisation im Taylor-Couette Reaktor im Rahmen der hier vorliegenden Arbeit

Veröffentlichungen

Racina, A., **Liu, Z.**, Kind M., (2010) Mixing in Taylor - Couette Flow, in: Bockhorn, H., Mewes, D., Peukert, W., Warnecke, H-J. (Eds.), Micro and Macro Mixing. Springer Verlag, 125-139

Kádár, R., **Liu, Z.**, Kind, M., Bălan, C., (2010) Influence of hydrodynamic activation on a polymerization reaction in a Taylor-Couette reactor, U.P.B. Sci. Bull. Series D 72, 149-156

Liu, Z., Kádár, R., Kind, M., (2010) Hydrodynamic activation of the Batch-Polymerization of Methyl Methacrylate in a Taylor-Couette reactor, Macromol. Symp. 302, 169–178

Liu, Z., Kind, M., (2012) Influence of mixing on the free radical polymerization in the Taylor-Couette reactor, SPE Plastic Research Online (DOI 10.1002/ spepro 004345)

Liu, Z., Jin, T., Kind, M., (2013) Continuous Polymerization of Methyl methacrylate in a Taylor-Couette Reactor. I. Influence of Fluid Dynamics on Monomer Conversion, Polym. Eng. Sci. 53, 96-104

Liu, Z., Kind, M., (2013) Continuous Polymerization of Methyl methacrylate in a Taylor-Couette Reactor. II. Influence of Fluid Dynamics on Polymer Properties, Polym. Eng. Sci. 53, 950-955

Tagungsbeiträge

Liu, Z., Kind, M., Einfluss der Vermischung auf die chemische Reaktion im Taylor-Couette Reaktor: Entwicklung eines neuen Reaktors für die Polymerisationsreaktion, ProcessNet-Fachausschuss Mischvorgänge, CFD und Extraktion, Fulda, 30.-31.03 2009 (Poster)

Liu, Z., Kádár, R., Kind M., Hydrodynamische Aktivierung der Batch-Polymerisation im Taylor-Couette Reaktor, ProcessNet-Fachausschuss Mischvorgänge, Fulda, 22.-23.02.2010 (Poster)

Liu, Z., Wetzel, T., Kind, M., Untersuchung des Mischverhaltens eines statischen Mischers mit Möbiusringmischelementen, ProcessNet-Fachausschuss Mischvorgänge, Fulda, 22.-23.02.2010 (Vortrag)

Kádár, R., **Liu, Z.**, Kind M., Rheologie der Batch-Polymerisation im Taylor-Couette Reaktor, ProcessNet-Fachausschuss Rheologie, Karlsruhe, 09.-10.03.2010 (Poster)

Kádár, R., **Liu, Z.**, Kind M., Bălan, C., Hydrodynamic activation of the Batch-Polymerization of Methyl Methacrylate in Taylor-Couette reactor, 6th Annual European Rheology Conference, Göteborg, 07.-09.04.2010 (Poster)

Liu, Z., Kádár, R., Kind M., Hydrodynamische Aktivierung der Batch-Polymerisation im Taylor-Couette Reaktor, ProcessNet-Fachausschuss Reaktionstechnik, Würzburg, 10.-12.05.2010 (Poster)

Liu, Z., Kind, M., Influence of the macro mixing on the free radical polymerization in the Taylor-Couette reactor, 10th International Workshop on Polymer Reaction Engineering, Hamburg, 10.-13.10.2010 (Poster)

Liu, Z., Jin, T., Kind, M., Modelling and Simulation of the Macro- and Micromixing for the Polymerization in a continuously operated Taylor-Couette Reactor, 8th European Congress of Chemical Engineering, Berlin, 25.-29.09.2011 (Poster)

Liu, Z., Kind, M., Vermischung in Taylor-Couette Reaktor, ProcessNet-Fachausschuss Mischvorgänge, Weimar, 15.-16.03.2012 (Vortrag)

Liu, Z., Kind, M., Influence of the mixing on the free radical polymerization in a Taylor-Couette reactor, Polymer Reaction Engineering VIII, Cancun Mexico, 6.-11.05.2012 (Vortrag und Poster)

10 Anhang

10.1 Strömungseigenschaften in der Batch-Polymerisation

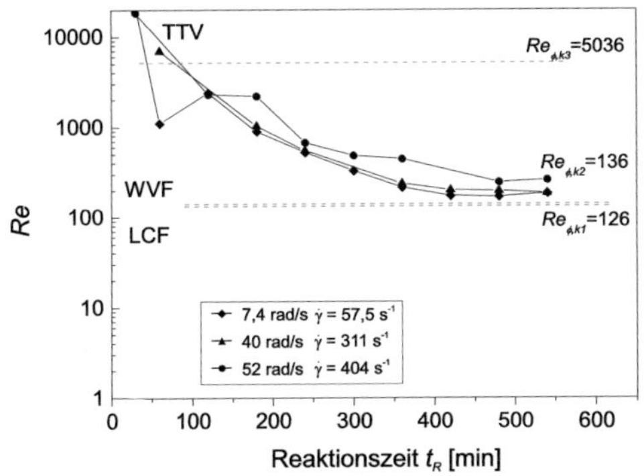

Abb. 10.1: Experimentell ermittelter Verlauf der Rotations-Reynoldszahl bei verschiedenen Rotationsgeschwindigkeiten des großen Innenzylinders mit einer AIBN-Konzentration von 0,02 Gew.-% und einer Lösemittelkonzentration von Xylol von 70 Gew.-%

10.2 Kinetisches Modell in der Batch-Polymerisation

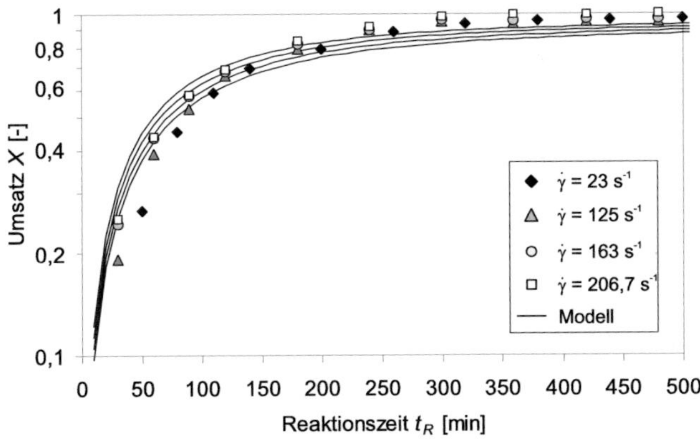

Abb. 10.2: Experimentell ermittelte Umsätze über der Reaktionszeit und Berechnung über das kinetische Modell mit dem Bruttokoeffizienten k bei verschiedenen Scherraten für den mittleren Innenzylinder mit einer AIBN-Konzentration von 0,2 Gew.-% und dem Lösemittelanteil von 80 Gew.-%

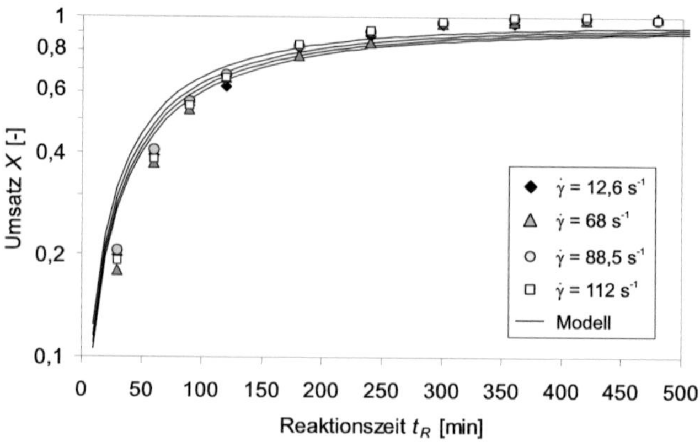

Abb. 10.3: Experimentell ermittelte Umsätze über der Reaktionszeit und Berechnung über das kinetische Modell mit dem Bruttokoeffizienten k bei verschiedenen Scherraten für den kleinen Innenzylinder mit einer AIBN-Konzentration von 0,2 Gew.-% und dem Lösemittelanteil von 80 Gew.-%

10.3 Experimentell bestimmte Zeiten bis zum Erreichen des stationären Zustands für die kontinuierliche Polymerisation

Bevor die Proben bei der kontinuierlichen Polymerisation im TCR entnommen werden, muss die Reaktion im stationären Zustand sein. Die Bestimmung der Zeit bis zum stationären Zustand ist zunächst notwendig. In den folgenden drei Tabellen sind die experimentell bestimmten Zeiten bis zum stationären Zustand für alle im Rahmen dieser Arbeit durchgeführten Versuche aufgeführt.

Im Allgemeinen hängt die Zeit bis zum stationären Zustand von der Initiatorkonzentration, der mittleren Verweilzeit, der Drehgeschwindigkeit des Innenzylinders und der Geometrie des TCRs ab. Bei gleicher mittlerer Verweilzeit steigt sie mit zunehmender Initiatorkonzentration an. Die Zeit bis zum stationären Zustand nimmt mit abnehmender mittlerer Verweilzeit bei gleichem Innenzylinder ab. Wenn die mittlere Verweilzeit konstant ist, verkürzt sich die Zeit bis zum stationären Zustand und mit ansteigender Rotationsgeschwindigkeit des Innenzylinders. Außerdem ergibt sich beim kleinen Innenzylinder die kürzere Zeit bis zum stationären Zustand.

Tab. 10.1: Experimentell bestimmte Zeiten bis zum stationären Zustand für den großen Innenzylinder in der kontinuierlichen Lösungspolymerisation von MMA

Initiator-konzentration	Mittlere Verweilzeit [min]	Drehgeschwindigkeit des Innenzylinders [rad/s]	Zeit bis zum stationären Zustand [min]
0,05 Gew.-%	57	7,4	263
		40	214
		66	112
	36	7,4	152
		40	143
		66	105
	27	7,4	146
		40	109
		66	96
0,2 Gew.-%	57	7,4	296
		40	275
		66	273
	36	7,4	198
		40	193
		66	187
	27	7,4	155
		40	146
		66	139

Tab. 10.2: Experimentell bestimmte Zeiten bis zum stationären Zustand für den mittleren Innenzylinder mit 0,2 Gew.-% AIBN

Mittlere Verweilzeit [min]	Drehgeschwindigkeit des Innenzylinders [rad/s]	Zeit bis zum stationären Zustand [min]
112	7,4	291
	40	258
	66	256
71	7,4	210
	40	181
	66	178
52	7,4	150
	40	139
	66	136

Tab. 10.3: Experimentell bestimmte Zeiten bis zum stationären Zustand für den kleinen Innenzylinder in der kontinuierlichen Polymerisation von MMA mit 0,2 Gew.-% AIBN

Mittlere Verweilzeit [min]	**Drehgeschwindigkeit des Innenzylinders [rad/s]**	**Zeit bis zum stationären Zustand [min]**
57	7,4	247
	40	258
	66	257
36	7,4	167
	40	183
	66	181
27	7,4	123
	40	141
	66	138

10.4 Strömungseigenschaften im kontinuierlich betriebenen Taylor-Couette Reaktor

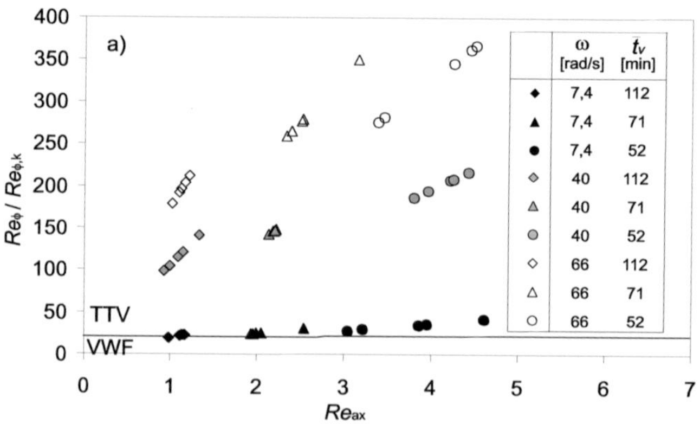

Abb. 10.4: Experimentell ermittelter Verlauf der Rotations-Reynoldszahl bei verschiedenen Rotationsgeschwindigkeiten des mittleren Innenzylinders mit einer Initiatorkonzentration von 0,2 Gew.-% in einem kontinuierlichen Prozess

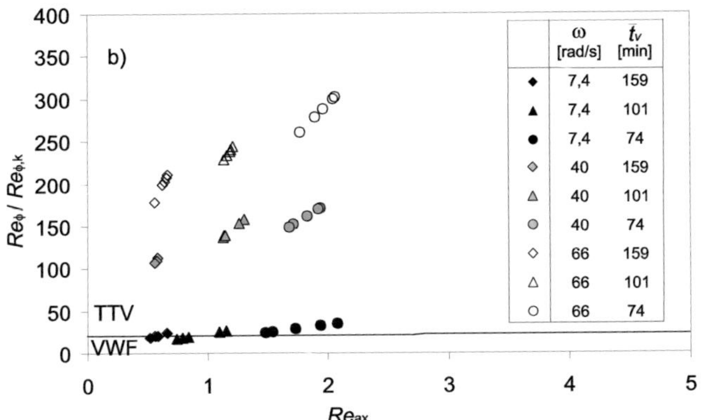

Abb. 10.5: Experimentell ermittelter Verlauf der Rotations-Reynoldszahl bei verschiedenen Rotationsgeschwindigkeiten des kleinen Innenzylinders mit einer Initiatorkonzentration von 0,2 Gew.-% in einem kontinuierlichen Prozess

10.5 Viskositätskorrelationen in der Modellierung der kontinuierlichen Polymerisation

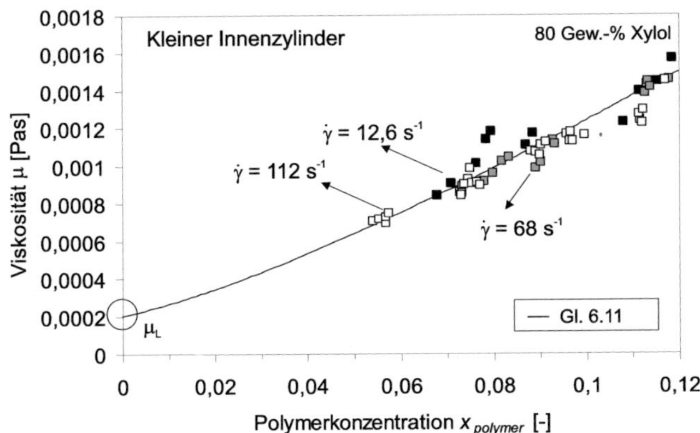

Abb. 10.6: Korrelation zwischen der Viskosität bei unterschiedlichen Scherraten ($\dot{\gamma} = \omega \cdot R_i/d$) im TCR und der Polymerkonzentration bei verschiedenen Rotationsgeschwindigkeiten des kleinen Innenzylinders in der kontinuierlichen Lösungspolymerisation von MMA (Xylol 80 Gew.-%) mit einer Initiatorkonzentration von 0,2 Gew.-% (Schwarze Symbole: $\dot{\gamma} = 12{,}6\ s^{-1}$; Graue Symbole: $\dot{\gamma} = 68\ s^{-1}$; Weiße Symbole: $\dot{\gamma} = 112\ s^{-1}$)

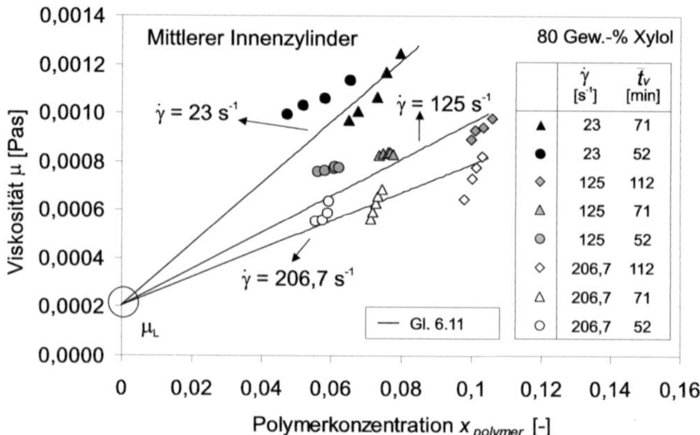

Abb. 10.7: Korrelationen zwischen der Viskosität bei der Scherrate im TCR und der Polymerkonzentration bei verschiedenen Scherraten des mittleren Innenzylinders und unterschiedlichen mittleren Verweilzeiten in der kontinuierlichen Lösungspolymerisation von MMA mit einer Initiatorkonzentration von 0,2 Gew.-%

Tab. 10.4: Experimentell bestimmte Parameter für die empirische Korrelation der Viskosität (Gl. 6.11) bei der Scherrate im TCR und der Polymerkonzentration bei unterschiedlichen mittleren Verweilzeiten und verschiedenen Rotationsgeschwindigkeiten des mittleren Innenzylinders

Scherrate des Innenzylinders [s^{-1}]	**Mittlere Verweilzeit [min]**	***A***	***B***
23	112 71 52	60	-735
125	112 71 52	36	-450
206,7	112 71 52	28	-400

Zur Entwicklung der Viskositätskorrelation für den mittleren Innenzylinder wurde die Viskosität als Funktion der Polymerkonzentration der mittleren Verweilzeit und der Drehgeschwindigkeit aufgestellt. In Abb. 10.7 sind die Viskositätsverläufe bei verschiedenen Rotationsgeschwindigkeiten und mittleren Verweilzeiten in der kontinuierlichen Polymerisation von MMA mit einer

Initiatorkonzentration von 0,2 Gew.-% dargestellt. Die Viskosität steigt mit abnehmender Scherrate und abnehmender mittlerer Verweilzeit an. Der mittlere Fehler der Korrelation beträgt ca. 30%. Die ermittelten Werte von *A* und *B* für den mittleren Innenzylinder sind in Tab. 10.4 tabelliert.

10.6 Bestimmung der charakteristischen Reaktionszeit für die kontinuierliche Polymerisation

Predici ist ein Simulationspaket für die Modellierung und dynamische Simulation von makromolekularen Prozessen. Predici beruht auf der diskreten Galerkin h-p-Methode. Die Galerkin h-p-Methode ermöglicht die strenge numerische Berechnung der Molmassenverteilung für die unterschiedlichen Polymerisationen. Die folgenden Berechnungen können den experimentell ermittelten Umsatzverlauf durch den numerischen Umsatzverlauf ersetzen. Diese Berechnungen können sowohl mit experimentellen Daten, als auch mit Daten aus Predici, durchgeführt werden. Die Simulation stimmt mit den experimentellen Daten sehr gut überein.

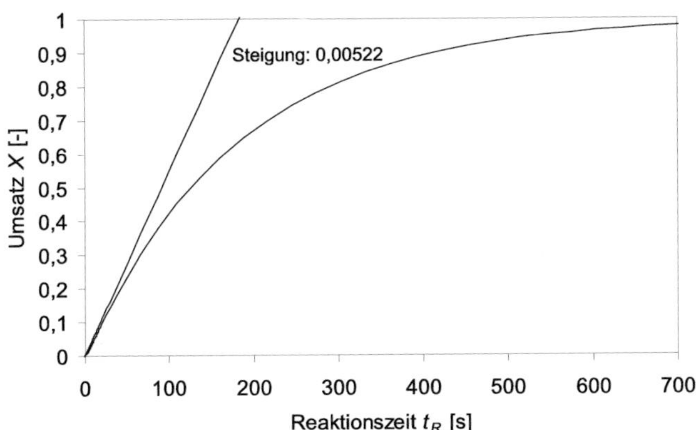

Abb. 10.8: Numerischer Umsatzverlauf und Anfangssteigung, ermittelt über die Simulationssoftware Predici® bei der Polymerisation von MMA mit einer Initiatorkonzentration von 0,2 Gew.-% und 80 Gew.-% Xylol in einem 1 Liter Batch-Reaktor bei 80°C

Predici hat den Vorteil, dass die Daten sehr leicht zugänglich und absolut kontinuierlich sind. Eine ähnlich genaue Datengrundlage für diese Analyse (z. B. Steigung des Umsatzverlaufs) wäre experimentell nur durch sehr häufiges Probenziehen (mindestens alle 5 Minuten) erreichbar. Predici liefert dagegen in den Reaktionszeiten in denen große Veränderungen auftreten (vor allem am Anfang der Polymerisation) für eine Reaktionszeit von einer Sekunde sehr viele Datenpunkte. Deshalb ermöglicht dies eine wesentlich höhere Genauigkeit der Analyse. Bei der numerischen Untersuchung wurde die Polymerisation von MMA mit einer Initiatorkonzentration von 0,2 Gew.-% und 80 Gew.-% Xylol in einem 1 Liter großen Batch-Reaktor bei 80°C durchgeführt. Die Monomerkonzentration beträgt hier 1,65 mol/l. In Abb. 10.8 ist zu sehen, dass der Umsatzverlauf die Steigung $k_{app} = 0{,}00522$ bei dem kritischen Umsatz $X = 0$ ist. Dies entspricht $8{,}61 \cdot 10^{-3}$ mol bzw. $5{,}19 \cdot 10^{21}$ Monomermolekülen. Wenn man die Polymerisation als Reaktion erster Ordnung betrachtet, kann der logarithmische Umsatzverlauf in Abb. 10.9 als Funktion der Zeit aufgetragen werden. Die Steigung k_{app} ist 0,00545. Mit k_p = 1317 l/mol/s ergibt sich eine Radikalkonzentration von $3{,}846 \cdot 10^{-6}$ mol/l mittels Gl. 6.35. Dies entspricht $2{,}316 \cdot 10^{18}$ Radikalen.

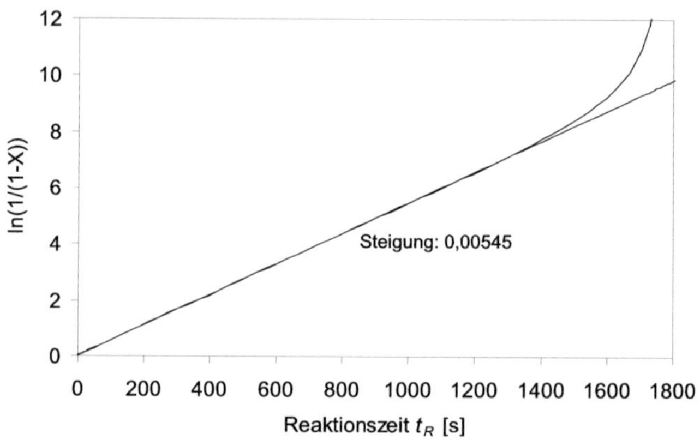

Abb. 10.9: Numerischer, logarithmischer Umsatzverlauf mit der ermittelten Steigung

Das heißt, dass bei der Kettenwachstumsreaktion in einer Sekunde $5{,}19 \cdot 10^{21}$ Monomermolekülen zu $2{,}316 \cdot 10^{18}$ Radikalen addiert werden können. In einer Sekunde durchläuft also ein Radikal 2240 Monomeradditionen. Die charakteristische Reaktionszeit ergibt sich somit zu 1/2240 s also $4{,}46 \cdot 10^{-4}$ s. Aus der Definition in Gl. 6.33 ist die charakteristische Reaktionszeit $4{,}66 \cdot 10^{-4}$ s. Dabei wurde hier das numerische Ergebnis durch die theoretische Berechnung ergänzt.

10.7 Parameter des Mikrovermischungsmodells

Tab. 10.5: Experimentell bestimmte Modellparameter (Gl. 6.22) für drei unterschiedliche Innenzylinder bei gleichen Verweilzeiten in der kontinuierlichen Polymerisation mit einer Initiatorkonzentration von 0,2 Gew.-%

Durchmesser des Innenzylinders [mm]	Mittlere Verweilzeit [min]	a	b
63	112	0,637	-1,344
	71	0,403	-1,314
	52	0,371	-1,019
75,8	112	2,025	-1,41
	71	1,21	-0,83
	52	1,17	-0,54
88,6	112	8,476	-8,268
	71	7,59	-4,142
	52	5,167	-1,495

10.8 Experimentell bestimmte Molmassenverteilungen

Tab. 10.6: Experimentell bestimmte mittlere Molekulargewichte und Molmassenverteilungen bei den Versuchen mit verschiedenen mittleren Verweilzeiten und Drehgeschwindigkeiten für den großen Innenzylinder

Mittlere Verweilzeit [min]	Drehgeschwindigkeit des Innenzylinders [rad/s]	Wirbelzelle	M_w [g/mol]	M_n [g/mol]	M_w/M_n
57	7,4	5	30486	12581	2,42
		15	30271	12573	2,41
		36	30571	12778	2,39
		54	30799	12949	2,38
		70	31099	13151	2,36
	40	5	29487	11613	2,54
		15	29668	11828	2,51
		36	29815	12009	2,48
		54	29641	12044	2,46
		70	29448	12069	2,44

Mittlere Verweilzeit [min]	Drehgeschwindigkeit des Innenzylinders [rad/s]	Wirbelzelle	M_w [g/mol]	M_n [g/mol]	M_w/M_n
57	66	5	29533	11563	2,55
		15	29559	11688	2,53
		36	29375	11717	2,51
		54	30062	12072	2,49
		70	29688	11985	2,48
36	7,4	5	33918	14484	2,34
		15	34196	14617	2,34
		36	33798	14479	2,33
		54	33764	14496	2,33
		70	33985	14619	2,32
	40	5	32041	13561	2,36
		15	32242	13666	2,36
		36	32507	13795	2,36
		54	32830	13951	2,35
		70	32926	14012	2,35
	66	5	31708	12188	2,60
		15	31425	11801	2,66
		36	31634	12145	2,60
		54	31154	12076	2,58
		70	31927	12331	2,59
27	7,4	5	35902	15438	2,33
		15	35864	15416	2,33
		36	35655	15347	2,32
		54	34631	14933	2,32
		70	35367	15274	2,32
	40	5	34040	13902	2,45
		15	33749	13783	2,45
		36	33917	13866	2,45
		54	33619	13756	2,44
		70	34023	13933	2,44

Mittlere Verweilzeit [min]	Drehgeschwindigkeit des Innenzylinders [rad/s]	Wirbelzelle	M_w [g/mol]	M_n [g/mol]	M_w/M_n
27	66	5	33392	12756	2,62
		15	33387	12745	2,62
		36	32991	12589	2,62
		54	33863	12919	2,62
		70	33195	12659	2,62

Tab. 10.7: Experimentell bestimmte mittlere Molekulargewichte und Molmassenverteilungen bei den Versuchen mit verschiedenen mittleren Verweilzeiten und Drehgeschwindigkeiten für den mittleren Innenzylinder

Mittlere Verweilzeit [min]	Drehgeschwindigkeit des Innenzylinders [rad/s]	Wirbelzelle	M_w [g/mol]	M_n [g/mol]	M_w/M_n
112	7,4	3	28561	11720	2,44
		8	28366	11648	2,44
		18	28538	11724	2,43
		26	28394	11671	2,43
		34	28078	11547	2,43
	40	3	29434	12107	2,43
		8	29571	12165	2,43
		18	28866	11876	2,43
		26	29127	11986	2,43
		34	28759	11837	2,43
	66	3	28974	11925	2,43
		8	28983	11929	2,43
		18	29099	11977	2,43
		26	28992	11934	2,43
		34	28798	11855	2,43

Mittlere Verweilzeit [min]	Drehgeschwindigkeit des Innenzylinders [rad/s]	Wirbelzelle	M_w [g/mol]	M_n [g/mol]	M_w/M_n
71	7,4	3	33021	13593	2,43
		8	32779	13494	2,43
		18	32604	13423	2,43
		26	33310	13708	2,43
		34	33188	13661	2,43
	40	3	32624	13421	2,43
		8	32115	13205	2,43
		18	32216	13241	2,43
		26	32669	13420	2,43
		34	32414	13309	2,44
	66	3	32784	13450	2,44
		8	32598	13364	2,44
		18	32418	13281	2,44
		26	32472	13295	2,44
		34	32173	13163	2,44
52	7,4	3	34573	14139	2,43
		8	34633	14158	2,43
		18	34586	14136	2,43
		26	34274	14006	2,43
		34	33860	13835	2,43
	40	3	33041	13489	2,45
		8	33158	13527	2,45
		18	33117	13502	2,45
		26	33800	13796	2,45
		34	32648	13303	2,45
	66	3	33700	13699	2,45
		8	33245	13536	2,45
		18	33459	13615	2,45
		26	32586	13249	2,45
		34	33104	13450	2,45

Tab. 10.8: Experimentell bestimmte mittlere Molekulargewichte und Molmassenverteilungen bei den Versuchen mit verschiedenen mittleren Verweilzeiten und Drehgeschwindigkeiten für den kleinen Innenzylinder

Mittlere Verweilzeit [min]	Drehgeschwindigkeit des Innenzylinders [rad/s]	Wirbelzelle	M_w [g/mol]	M_n [g/mol]	M_w/M_n
159	7,4	3	29900	12143	2,46
		6	30345	12313	2,46
		12	30419	12362	2,46
		18	30134	12246	2,46
		22	30268	12308	2,46
	40	3	30895	12553	2,46
		6	29745	12078	2,46
		12	29885	12119	2,47
		18	29849	12106	2,47
		22	30286	12267	2,47
	66	3	29330	11400	2,57
		6	30141	11724	2,57
		12	30207	11739	2,57
		18	30411	11806	2,58
		22	30798	11945	2,58
101	7,4	3	32232	12991	2,48
		6	32073	12915	2,48
		12	32779	13193	2,48
		18	32518	13073	2,49
		22	32437	13035	2,49
	40	3	32833	13065	2,51
		6	31998	12335	2,59
		12	32371	12469	2,60
		18	32362	12459	2,60
		22	31428	12090	2,60

Mittlere Verweilzeit [min]	Drehgeschwindigkeit des Innenzylinders [rad/s]	Wirbelzelle	M_w [g/mol]	M_n [g/mol]	M_w/M_n
101	66	3	32490	12480	2,60
		6	32398	12429	2,61
		12	32165	12326	2,61
		18	32558	12463	2,61
		22	32369	12377	2,62
74	7,4	3	33530	13319	2,52
		6	33866	13444	2,52
		12	33422	13259	2,52
		18	33436	13257	2,52
		22	33196	13159	2,52
	40	3	33764	12858	2,63
		6	33921	12901	2,63
		12	33313	12657	2,63
		18	33171	12590	2,63
		22	33208	12429	2,67
	66	3	33223	12584	2,64
		6	33322	12608	2,64
		12	32491	12282	2,65
		18	32712	12354	2,65
		22	32977	12443	2,65

Tab. 10.9: Experimentell bestimmte mittlere Molekulargewichte und Molmassenverteilungen bei den Versuchen mit einer Drehgeschwindigkeit von 40 rad/s und gleichen mittleren Verweilzeiten für den kleinen und großen Innenzylinder

Mittlere Verweilzeit [min]	Durchmesser des Innenzylinders [mm]	Reaktorlänge [mm]	M_w [g/mol]	M_n [g/mol]	M_w/M_n
112	63	22,8	30612	13135	2,33
		80	30547	13077	2,34
		200	30679	13126	2,34
		300	32229	13782	2,34
		390	30659	13096	2,34

Mittlere Verweilzeit [min]	Durchmesser des Innenzylinders [mm]	Reaktorlänge [mm]	M_w [g/mol]	M_n [g/mol]	M_w/M_n
112	88,6	22,8	29342	12431	2,36
		80	28727	12097	2,37
		200	28968	12212	2,37
		300	28693	12054	2,38
		390	28517	12013	2,37
71	63	22,8	32865	13898	2,36
		80	32853	13774	2,39
		200	33517	13870	2,42
		300	33260	13773	2,41
		390	33876	14007	2,42
	88,6	22,8	31533	13270	2,38
		80	31468	13266	2,37
		200	31626	13314	2,38
		300	31251	13096	2,39
		390	32002	13394	2,39
52	63	22,8	34346	14143	2,43
		80	33804	13769	2,46
		200	33438	13658	2,45
		300	34268	13926	2,46
		390	34545	14048	2,46
	88,6	22,8	32279	13518	2,39
		80	32259	13437	2,40
		200	32376	13470	2,40
		300	32190	13128	2,45
		390	32301	13333	2,42

Tab. 10.10: Experimentell bestimmte mittlere Molekulargewichte und Molmassenverteilungen des Polymerprodukts bei den Versuchen mit verschiedenen mittleren Verweilzeiten und Drehgeschwindigkeiten für den großen Innenzylinder

Mittlere Verweilzeit [min]	**Drehgeschwindigkeit des Innenzylinders [rad/s]**	M_w **[g/mol]**	M_n **[g/mol]**	M_w/M_n
57	7,4	31099	13151	2,36
	14,8	31339	12896	2,43
	22,2	31400	12921	2,43
	29,6	31087	12789	2,43
	44,4	31191	12805	2,44
	51,8	31285	12812	2,44
	59,2	31654	12937	2,45
	66,6	29688	11985	2,48
	74	33975	13845	2,45
36	7,4	33985	14619	2,32
	14,8	34368	13985	2,46
	22,2	34438	13981	2,46
	29,6	33608	13610	2,47
	44,4	33667	13585	2,48
	51,8	33715	13574	2,48
	59,2	33838	13595	2,49
	66,6	31927	12331	2,59
	74	34339	13575	2,53
27	7,4	35367	15274	2,32
	14,8	36464	14636	2,49
	22,2	36639	14649	2,50
	29,6	36254	14496	2,50
	44,4	35699	14073	2,54
	51,8	35826	14112	2,54
	59,2	36068	14193	2,54
	66,6	33195	12659	2,62
	74	35746	14045	2,55

Tab. 10.11: Experimentell bestimmte mittlere Molekulargewichte und Molmassenverteilungen des Polymerprodukts bei den Versuchen mit verschiedenen mittleren Verweilzeiten und Drehgeschwindigkeiten für den mittleren Innenzylinder

Mittlere Verweilzeit [min]	**Drehgeschwindigkeit des Innenzylinders [rad/s]**	M_w **[g/mol]**	M_n **[g/mol]**	M_w/M_n
112	7,4	28078	11547	2,43
	14,8	28564	11843	2,41
	22,2	28302	11661	2,43
	29,6	28698	11678	2,46
	40	28759	11837	2,43
	44,4	29313	12075	2,43
	51,8	29171	12126	2,41
	59,2	29207	12220	2,39
	66,6	28798	11855	2,43
71	7,4	33188	13661	2,43
	14,8	33545	13778	2,43
	22,2	33404	13759	2,43
	29,6	31816	13121	2,42
	40	32414	13309	2,44
	44,4	32395	13366	2,42
	51,8	32978	13549	2,43
	59,2	32516	13359	2,43
	66,6	32173	13163	2,44
52	7,4	33860	13835	2,45
	14,8	35134	14331	2,45
	22,2	34881	14236	2,45
	29,6	34869	14191	2,46
	40	32648	13303	2,45
	44,4	34031	13850	2,46
	51,8	32445	13205	2,46
	59,2	33736	13730	2,46
	66,6	33104	13450	2,46

Tab. 10.12: Experimentell bestimmte mittlere Molekulargewichte und Molmassenverteilungen des Polymerprodukts bei den Versuchen mit verschiedenen mittleren Verweilzeiten und Drehgeschwindigkeiten für den kleinen Innenzylinder

Mittlere Verweilzeit [min]	Drehgeschwindigkeit des Innenzylinders [rad/s]	M_w [g/mol]	M_n [g/mol]	M_w/M_n
159	7,4	30268	12308	2,46
	14,8	30351	12460	2,44
	22,2	31146	12828	2,43
	29,6	30077	12305	2,44
	40	30286	12267	2,47
	44,4	30829	12103	2,55
	51,8	29694	11488	2,58
	59,2	30338	11821	2,57
	66,6	30798	11945	2,58
101	7,4	32437	13035	2,49
	14,8	33253	12773	2,60
	22,2	31416	12149	2,59
	29,6	31537	12043	2,62
	40	31428	12090	2,60
	44,4	31120	11850	2,63
	51,8	31860	12105	2,63
	59,2	31394	11856	2,65
	66,6	32369	12377	2,62
74	7,4	33196	13159	2,52
	14,8	31680	11978	2,64
	22,2	32657	12444	2,62
	29,6	33466	12598	2,66
	40	33208	12592	2,64
	44,4	32493	12222	2,66
	51,8	31034	11690	2,65
	59,2	31915	12038	2,65
	66,6	32977	12443	2,65

10.9 Einfluss des Segregationsgrads auf das mittlere Molekulargewicht bei den mittleren und kleinen Innenzylindern

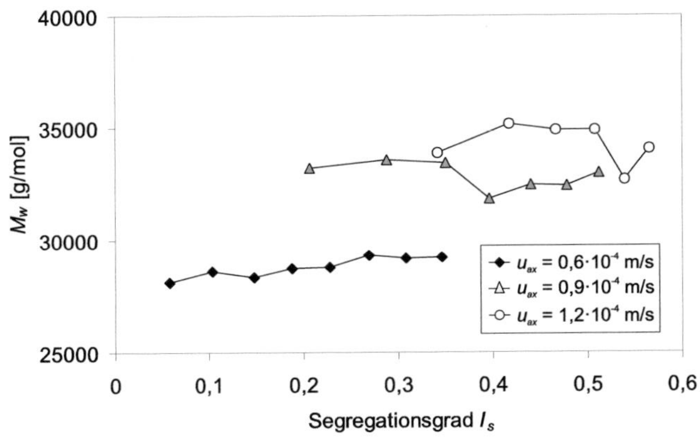

Abb. 10.10: Verläufe des mittleren Molekulargewichts des Polymerprodukts in Abhängigkeit vom mittleren Segregationsgrad bei verschiedenen axialen Geschwindigkeiten im Spalt für den mittleren Innenzylinder

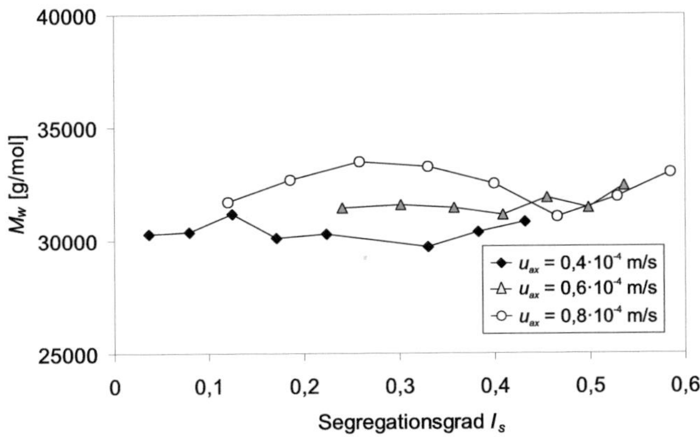

Abb. 10.11: Verläufe des mittleren Molekulargewichts des Polymerprodukts in Abhängigkeit vom mittleren Segregationsgrad bei verschiedenen axialen Geschwindigkeiten im Spalt für den kleinen Innenzylinder